科学原点丛书

宇宙演化理论

开天辟地

张天蓉 著

清华大学出版社
北 京

图书在版编目(CIP)数据

开天辟地：宇宙演化理论/张天蓉著. —北京：清华大学出版社，2022.4
（科学原点丛书）
ISBN 978-7-302-57605-1

Ⅰ．①开… Ⅱ．①张… Ⅲ．①宇宙—天体演化 Ⅳ．①P159.3

中国版本图书馆 CIP 数据核字(2021)第 033787 号

责任编辑：胡洪涛
封面设计：于　芳
责任校对：赵丽敏
责任印制：沈　露

出版发行：清华大学出版社
　　　　　网　　　址：http://www.tup.com.cn，http://www.wqbook.com
　　　　　地　　　址：北京清华大学学研大厦 A 座　　**邮编**：100084
　　　　　社 总 机：010-83470000　　　　　　**邮购**：010-62786544
　　　　　投稿与读者服务：010-62776969，c-service@tup.tsinghua.edu.cn
　　　　　质量反馈：010-62772015，zhiliang@tup.tsinghua.edu.cn
印 装 者：北京博海升彩色印刷有限公司
经　　销：全国新华书店
开　　本：165mm×235mm　　**印张**：17.5　　**字数**：254 千字
版　　次：2022 年 4 月第 1 版　　**印次**：2022 年 4 月第 1 次印刷
定　　价：79.00 元

产品编号：088160-01

序

　　《开天辟地：宇宙演化理论》是一本难得一见的好书。我是从事天体物理研究的，对宇宙学也很感兴趣，见到此书一气读完，真是爱不释手。积极推荐该书，无论您从事何种工作，在百忙之中抽空阅读此书，获益匪浅。

　　我与作者是 20 世纪 80 年代在美国得克萨斯大学奥斯汀分校相识的，她师从数学物理学家 C. DeWitt-Morette 教授攻读博士学位，她与著名理论物理学家约翰·惠勒（J. Wheeler，1911—2008）教授也经常交往，其理论物理基础和数学能力引人注目，受到导师们的称赞。

　　这是一本用生动有趣的语言、由浅入深地揭开宇宙之谜的高级科普读物。宇宙学是最古老的学科，也是最现代的学科。现代宇宙学包括密切联系的两个方面，即观测宇宙学和物理宇宙学。前者侧重于发现大尺度的观测特征，后者侧重于研究宇宙的运动学、动力学和物理学以及建立宇宙模型。

　　从物理的观点来解释宇宙，称为物理宇宙学。宇宙之大让人震撼，宇宙之美令人遐想，宇宙物理学提出一个又一个难解之谜。

　　宇宙学可以说已经有过好几次革命：哥白尼的日心说第一次将人类的宇宙观移到地球之外；哈勃通过大型望远镜的镜头确定了数不清的星系；而现代物理宇宙学让人类思考和研究宇宙的演化与起源。

　　近代宇宙学到底研究些什么？有哪些具体的重要进展？这个领域的发展实在太快，广大民众可能还知之甚少，即使是在学术界，大多数人对近年来宇宙学的事件也只是知其然，而不知其所以然，并且对其（特别是对大爆炸理论）存在着很多的迷惑和误解。有些人认为大爆炸是毫无证据的假说，天方奇谭，甚至将其称为"西方宇宙学"。然而这不是事实，尽管我们无法直接验证宇宙的"大爆炸"，也不能断定它就一定是宇宙演化历史的正确描述，但是由于有航天实验卫星大量数据的支持，学界主流的大多数人已经承认和接受这个理论。作者作为一名科学工作者，有必要科普现代宇宙学的知识，让广大民众正确认识大爆炸理论，了解其来龙去脉，以及其中存在的疑难问题。

宇宙到底有多大？宇宙长什么样子？宇宙来自何处？将来如何演变？宇宙是否有开始有结束？牛顿描述的宇宙与现代的宇宙观有何不同？宇宙到底有限无限？这些互相关联的种种宇宙奥秘，无论对有智慧、有思想的知识界，还是对好奇心强、幻想联翩的青少年，都是一种永恒的诱惑。读完这本书，你会对上面提出的问题有一些基本的认识。更为重要的是，你可能会产生许多你自己的想法，对这个环绕在我们周围的最大、最神秘的未知世界，产生浓厚的兴趣。

为了让广大读者尽快步入浩瀚的宇宙，作者先用有限而简练的篇幅介绍了天文观测的丰富多彩的成果，由太阳系一直到河外星系，介绍与现代宇宙学密切相关的哈勃定律。

借助于发现引力波的阵阵涟漪，走向宇宙学已经敞开的大门。作者用通俗易懂的语言、深入浅出的例子，带你轻松愉快地涉足于宇宙学最前沿。

书中也提到当今宇宙学标准模型存在的许多疑难，启发人们对宇宙问题的思考。物理学的天空从来就不是晴空万里，20世纪初的两朵乌云掀起了经典物理的革命，从中诞生了相对论和量子论。如今，现代宇宙学天空中的重重疑云和片片暗点，又将带给我们些什么呢？人类期待着下一个爱因斯坦，期待着宇宙学及物理学的新一轮革命。

关心和热爱宇宙学的读者阅读本书是享受一次陶冶身心和精神的大餐！热切地希望读者能够喜欢该书。

北京师范大学天文系

李宗伟

于北京望京花园（2016-09-12）

目　录

引 言

宇宙深处泛涟漪——从引力波谈宇宙学

2016年2月11日,星期四,上午10点30分,是一个在物理学界值得纪念的日子,美国的激光干涉引力波天文台(Laser Interferometer Gravitational wave Observatory,LIGO)与加州理工学院、麻省理工学院等各处的专家们,在华盛顿召开了新闻发布会,向全世界宣布于2015年9月14日首次直接探测到了引力波的消息[1]。公众称之为GW150914事件,全世界都为之振奋,天文界和物理界的专家们更是激动不已。

为什么GW150914事件如此震动科学界?物理学家们对探测引力波期待已久,而这个事件中探测到的引力波就是来自宇宙深处的时空涟漪。我们说这个涟漪泛起于宇宙的极深、极远处毫不夸张,因为它们发生于13亿年前,来自于距离我们13亿光年之遥的两个"黑洞"的碰撞。

黑洞碰撞、时空涟漪、13亿年前……这些如梦幻、如诗歌一般的语言,突然转化成2016年春天到来之前的第一声惊雷。大概连天国里的爱因斯坦也会止不住开怀大笑起来吧,没想到啊,人类真的探测到了引力波。那是爱因斯坦在100年之前,建立了广义相对论一年后的一个精彩预言!

天地广阔,乾坤永恒;茫茫宇宙,万物之谜,这些对人类好奇心的永恒诱惑,又何止让人类探寻了100年!

不过,谈到引力波和黑洞,倒是让笔者回想起了30多年前在美国得克萨斯大学奥斯汀分校读博士的日子。我当年博士论文的课题是有关引力波在黑洞附近的散射问题,著名物理学家、引力理论专家约翰·惠勒是我的博士论文委员会成员之一。记得在当时的一次讨论会上，有人提到何时能探测到引力波的问题时无人作声，只有惠勒笑嘻嘻、信心满满地说了一句"快了"。我当时只知道推导数学公式，对探测引力波的实验一无所知，但惠勒这句"快了"在脑海中却记忆颇深，也从此关心起引力波是否真正存在，以及何时能探测到的问题。

1993 年，传来了两位美国科学家获得诺贝尔物理学奖[2]的消息。他们便是因为研究双星运动，即两颗双中子星相互围绕着对方公转，而间接证实了引力波的存在。笔者当时便立即想起了惠勒的话，心想：果然"快了"！

2000 年，听说惠勒早年的一个学生，就是和惠勒一起合作《引力》这本书的加州理工学院教授基普·索恩（Kip Thorne, 1940— ），几年前启动了一个叫 LIGO 的项目，专为探测引力波。1999 年 10 月的（Physics Today）有一篇文章是关于此项目，我看了之后，脑海里又浮现出"快了"这句话。

2007 年，在加利福尼亚州偶然碰到一个原来一起在相对论中心学习的同学，他在某天文台做天体物理研究。谈及引力波，他也说"快了"，因为 LIGO 将在一年后再次升级，升级完成后就"快了"。

2014 年，又一次传来探测到引力波的消息。

由于普通物体，甚至太阳系产生的引力波都难以探测，所以科学家们便把目光转向浩渺的宇宙。宇宙中存在质量巨大又非常密集的天体，如黑矮星、中子星，或许还有夸克星等。超新星爆发、黑洞碰撞等事件将会产生强大的引力波。此外，在大爆炸初期的暴胀阶段，也可能辐射强大的引力波。

2014 年有人提出哈佛大学设在南极的 BICEP2 探测器探测到了引力波，但这种"探测"指的并不是直接的接收，而是大爆炸初期暴胀阶段发出的"原初引力波"在微波背景辐射图上打上的"印记"。但是，后来证实这是一次误导，是一次由尘埃物质造成的假"印记"[3]。据索恩所言，至少有一半的观测信号事实上是由星际尘埃导致的，而是不是完全由尘埃所致目前还不清楚。

直到 2016 年年初 LIGO 的发布会，才正式宣告人类真正接收到了引力波。当初惠勒的这句"快了"，兑现起来也至少花了 30 多年，爱因斯坦就更不用说，已经整整等待 100 年了！

探测到引力波对基础物理学意义非凡，它再一次为广义相对论的正确性提供了坚实的实验依据。为天体物理和现代宇宙学研究，开启了一扇大门，必将掀起相关领域的研究热潮，或许导致一场革命也说不定。

宇宙学是最古老的学科，也是最现代的学科。从物理的观点来解释宇宙，称为物理宇宙学。物理宇宙学是一门年轻科学。从远古时代开始，人类就对茫茫宇宙充满了猜测和幻想：诗人和文学家们仰望神秘的天空，用诗歌和故事来表达抱负、抒发情怀；哲学家们哲思深邃、奇想不断；科学家们却要探索宇宙中暗藏的秘密。尽管人类的天文观测历史已经有几千年，但是将我们这个浩瀚宏大、独一无二的宇宙作为一个物理系统来研究，继而形成了一门称之为"宇宙学"的现代学科，却只是近 100 年左右的事情。这个推动力来自理论和实验两个方面：爱因斯坦的广义相对论和哈勃的天文观测结果。

近年来，随着科学技术的进步，物理宇宙学从神话猜想发展到理论模型，至今已经发展成为一门精准的实验科学。由于现代天文观测手段日新月异的发展，宇宙学进入了它的黄金年代，理论发展似乎已经难以跟上大量观测数据积累的速度，各种模型和猜想不断涌现。并且，宇宙学中近十几年来的一系列重大发现对现有物理基础理论也提出了诸多挑战，比如，暗物质和暗能量的研究已经成为现代物理的重要课题。

宇宙学可以说已经有过好几次革命：哥白尼的日心说第一次将人类的宇宙观移到地球之外；哈勃通过大型望远镜确定了数不清的星系；而近代的物理宇宙学则让人类开始思考和研究宇宙的起源。

近代宇宙学到底研究些什么？有哪些具体的重要进展？这个领域的发展实在太快，广大民众可能还知之甚少。即使是在学术界，大多数人对近年来宇宙学的事件也只是知其然，而不知其所以然，存在着很多的迷惑和误解（特别是对大爆炸理论）。有些人认为大爆炸是毫无证据的假说，甚至将其称为"西方宇宙学"。然而这不是事实，科学并无东西之分，尽管我们无法直接验证宇宙的"大爆炸"，也不能断定它就一定是宇宙演化历史的正确描述，但是由于航天实验卫星得到的大量数据的支持，主流学界的大多数人已经承认和接受了这个理论。作为一名科学工作者，有必要科普现代宇宙学的知识，让广大民众正确认识大爆炸理论，了解其来龙去脉，以及其中存在的疑难问题。

中国是一个古老的文明大国，中国人自古就有谈天说地、思辨宇宙哲学问题的追求和习惯。宇宙到底有多大？宇宙长什么样子？宇宙来自何处？将来如何演变？宇宙是否也有生有死、有开始有结束？牛顿描述的宇宙与现代的宇宙观有何不同？宇宙到底有限无限？无穷大的哲学观点和数学思想给我们的宇宙观造成了哪些佯谬和悖论？这些互相关联的种种宇宙奥秘，无论对有智慧、有思想的知识界，还是对好奇心强、幻想联翩的青少年，都是一种永恒的诱惑。读完这本小书，你会对上面提出的问题有一些基本的认识。更为重要的是，你可能会产生许多自己的想法，对茫茫宇宙，对这个环绕在我们周围的最大、最神秘的未知世界产生浓厚的兴趣。

让我们借助于引力波的阵阵涟漪，走向已经敞开的宇宙学大门。作者将用通俗易懂的语言和深入浅出的例子，带你轻松、愉快地涉足于宇宙学最前沿。

作者首先从太阳系开始，在第一章中介绍了行星、恒星、星系等基本的天体物理知识。第二章介绍牛顿的宇宙图景。第三章介绍无穷的概念引起的数学和物理中的佯谬，激发读者对物理理论的哲学思考。第四章则用最少的篇幅让读者认识两个相对论的基本思想。

第五章的目的是使读者更深刻地理解2016年初探测到的引力波。作者从天文学中的距离测量谈起，使读者了解天文学中测量技术中的困难。然后，介绍引力波强度的微弱，进一步将它的各种性质与电磁波相比较，使大家认识到探测引力波的困难和重大意义。第六章则对黑洞的基本物理性质及分类进行探讨。

第七章到第九章，将对现代宇宙学标准模型的基本原理、数学基础、大爆炸理论、重要结论和疑难、暗物质和暗能量、宇宙的未来等有趣的问题略作探讨。第十章简单介绍作为标准模型补充的宇宙早期暴胀理论。

该书的读者定位于文理各个领域的大学本科生和研究生,对天文、数学、物理感兴趣的初高中学生,以及所有爱好科学、渴求了解宇宙历史及本质的广大群众。具有高中数学水平的读者,便可完全读懂书中内容。但考虑到中国学生的数学能力较强、擅长逻辑思维,书中保留了少量的公式和简单推导,以便某些喜欢数学的读者能从中获益,能够对物理内容得到更深刻的理解。一般读者,则可跳过这些公式,不会影响阅读效果。

书中也提到当今宇宙学标准模型存在的许多疑难,启迪人们对宇宙问题的思考。物理学的天空从来就不是晴空万里,20世纪初的两朵乌云掀起了经典物理的革命,从中诞生了相对论和量子论。如今,近代宇宙学天空中的重重疑云和片片暗点又将带给我们些什么呢? 人类期待着下一个爱因斯坦,期待着宇宙学及物理学的新一轮革命。

第一章

去宇宙逍遥

1.
从地球出发

夜空中的满天繁星,总能给人类带来无限的遐想。闪烁星星的背后是什么?这个世界从何而来、向何处去?外星人,或外星生命存在吗?……深不可测的宇宙中似乎暗藏着无穷多的奥秘,这是对人类永恒的诱惑!无论古人还是今人,无论老耄或者年轻,只要你还保持着一颗天真好奇的心,你便会对地球之外的茫茫世界疑问不断并且想要穷根究底。

古人仰望苍穹,不明就里,于是编出了一个又一个的神话故事来寄托他们的梦想和遐思。幸好我们生活在现代的文明社会,人类发展至今,已经积累了足够多的天文资料。今天,我们就跟随天文学家,做一个快速又简洁的"宇宙漫游梦",去宇宙逍遥一下。

所谓"快速又简洁的宇宙旅行"的意思是说,我们不会详细介绍太阳系、银河系以及相关的基本天文知识,想要更详细了解这方面的读者请阅读参考文献[4]。我们只是各处浏览,挑几个有趣的、特别的事例做简单说明,主要目的是为了介绍和解释天文学及宇宙学中一些必要的物理概念,为读者理解今后的章节打下一定的基础。

从地球出发后,最快能到达的星球当然是地球的卫星:月亮。孩子们最早的天文知识,一定是开始于白天的太阳和晚上的月亮。然后再进一步,才了解了其他一些常见的星星。古代中国人将离地球最近的肉眼可见的几颗星星命名为"金星、木星、水星、火星、土星",西方则大多数以罗马神话中的诸神来称呼它们。我们现在知道,天空中最亮的天体:太阳、月亮,还有其他和地球一样绕着太阳转圈的星星一起,组成了"太阳系"大家庭。

在这个大家庭中,最重要的主角是太阳。太阳是一个会发光发热的庞然大物,大到可以放下 100 万个地球。它供给我们必不可少的赖以生存的能量。因为有了太阳,地球上才孕育出生命,低级生命才得以进化为高等智慧的人类,人类又发展了引以为傲的高科技及现代文明。然而,如果没有太阳,或者太阳某一天突然停止发光发热,地球上的这一切都将化为乌有。

地球在太阳系中的确小得可怜,不仅是相对于太阳而言,即使在八个兄弟姐妹中,地球也只是一个很不起眼的"小个头",(图 1-1-1(a))。不过,尽管大小不一,绕太阳转圈的八大行星和谐共处,各行其"椭圆轨道",各有其不同的"性情特色"。

水星离太阳最近,也许人们想象它最能探听太阳的秘密,所以把它的英文名字"Mercury"取为神话中的情报商业之神。水星并不是一个适合居住的地方,因为它的表面温度白天可达 425℃,晚上冷到零下 175℃。在水星之外,离太阳第二近的是金星。她在黑暗的天空中非常抢眼,因而被称为"美神"(Venus)。美神虽美,却又太热情,温度总在 470℃ 以上,所以对我们人类而言,只能遥望,不宜亲近。

接下来便是我们可爱的家园,这颗郁郁葱葱的绿色地球。这是唯一一个没有用"神"来命名的太阳系行星,也是迄今为止我们唯一发现有智慧生物居住的地方。在地球之外是火星。不过火星并不"火热",温度比地球还低,从零下 80℃ 到零下 5℃ 左右。火星表面大气稀薄,土壤内富含铁质类的氧化物,经常狂风四起,铺天盖地而来的红褐色含铁沙尘暴使它赢得了一个"战神"(Mars)的英名。火星之外是块头最大的木星。不过木星上并没有木头,而是一颗气态加液态的行星,它内心炙热(温度上万摄氏度),外表冷漠(达到零下 110℃)。极大的温差使得木星表面天气恶劣,它是罗马神话中的主神朱庇特(Jupiter)。下一位土星兄弟,比木星稍小一点,也是气态氢为主。据说因为它看起来呈土黄色,中国古人将它称为"土"星。西方人似乎也认为它适宜耕种,用罗马神话中的农业之神(Saturn)来命名它。它有两个与众不同之处:一是它特有的、引人注目的、使它显得缥缈潇洒的光环,那是由冰粒和尘埃构成的;另一个特点是"多子多孙",它有 60 多颗卫星,其中的"土卫六"

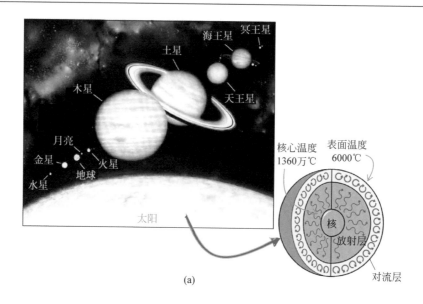

(a)

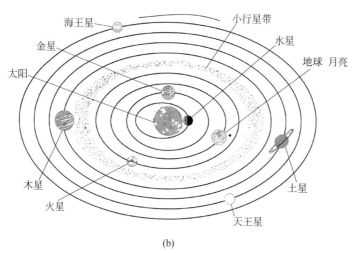

(b)

图 1-1-1　太阳系
（a）太阳系和太阳内部的热核反应；（b）太阳系大家庭

(Titan)，是由荷兰物理学家惠更斯在 1655 年发现的。土卫六拥有浓厚的大气层，被怀疑有可能存在生命体，曾引起研究者们极大的兴趣。

从土星再往太阳系的外围走，下一个是天王星(Uranus)，这个名字来自于罗马神话和希腊神话中共同的"天空之神"。天王星离地球较远,但用肉眼仍然依稀可见。

1820 年,法国天文学家布瓦德根据牛顿万有引力定律计算天王星的运动轨道,发现算出的轨道与观测结果极不相符。科学家们对此提出各种猜测,被大多数人接受的假设是认为天王星轨道之外可能存在另一颗行星,它的引力作用使天王星的轨道运动受到干扰,也就是天文学上所谓的"摄动"作用。20 多年之后,英国的亚当斯和法国的勒维耶两位年轻人,分别独立地用天王星运动的偏差估计摄动的大小,从而推算出未知行星的质量和轨道位置。1846 年 9 月,柏林天文台的天文学家果然在预期位置附近发现了这颗新行星,并以罗马神话中的海神尼普顿(Neptunus)为其命名,中文翻译为海王星。海王星距离太阳最远,表面温度低达零下 203℃。是太阳系中最冷的地区之一。

海王星的发现,证实了牛顿定律的正确,体现了科学预言的无比威力。从此之后,天文学家在人们心目中,似乎变成了一群破解宇宙之谜的"大师",能追捕未知星球的"侦探"。事实也的确如此,天文学家后来又根据对海王星的观察推测有其他行星摄动海王星的轨道,从而进一步发现了以地狱之神(Pluto)命名的冥王星。不过,因为后来又有许多类似的矮行星及其他小天体陆续被发现,冥王星于 2006 年被取消了太阳系行星的资格,我们的大家庭最后留下"八大行星"。

虽然在大家庭中,月亮是地球最亲近的"伴侣",但月亮对地球总是"羞羞答答""犹抱琵琶半遮面",永远只是用它的正面对着地球。直到 1959 年,苏联的"月球 3 号"太空船才拍摄到了月球背面的第一张影像。能产生这种现象,是因为月亮的自转速度和绕地公转速度一致。这种一致性平衡了星体"腹背"所受到的不同引力。这种因为作用于物体不同部位的引力不同,而在物体内部产生的应力被称为潮汐力。实际上,月亮这个属性并不是太阳系中独一无二的。许多卫星的"面孔"取向,都符合这种"潮汐锁定"现象,即只用一面对着它的"主人",以使得内部应力最小。这似乎又一次证实了大自然造物按照某种"极值"规律!

潮汐力这类引力效应,以后还会碰到,因而在此略作介绍。潮汐力这个词来源于地球上海洋的潮起潮落,但后来在广义相对论中,人们将由于引力不均匀而造成的现象都统称为潮汐力。我们所熟知的地球表面海洋的潮汐现象,是因为月亮对地球的引力不均匀而形成的,见图 1-1-2(a)。人站在地球上,地球施加在我们头顶的力比施加在双脚的力要小一些(图 1-1-2(b)),这个差别使得在我们身体内部产生一种"拉长"的效应。但因为我们个人的身体尺寸,比较起地球来说太小了,我们感觉不到重力在身体不同部位产生的微小差异。然而,在某些大质量天体,如黑洞附近,就必须考虑这点了。这种差异能产生明显的效应,可以将人体撕裂毁灭,见图 1-1-2(c)。

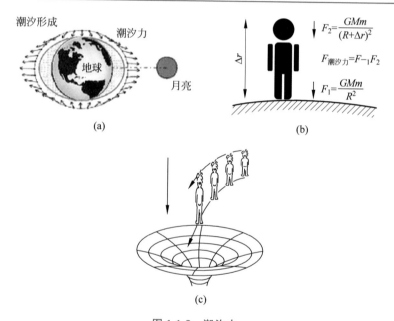

图 1-1-2　潮汐力
(a) 月亮对地球引力不均匀形成潮汐力；(b) 地球的引力形成潮汐力；
(c) 黑洞附近的潮汐力

月亮离地球说近也不近。与太阳系大家庭比起来,它俩非常亲近,但比较起月亮和地球的体积大小而言,中间似乎空空荡荡的什么也没有。要知道月地距离是38 万 km,地球半径不过 6000km,因而,地球直径大约只是月地距离的 1/30,如

图 1-1-3 所示,你可能没有想到,太阳系的七大行星可以被排成一排,完全"塞进"地球和月亮之间,还仍然有剩余空间。不过,还好我们的七大行星从未挤到地球和月亮之间,如果发生那种情形,将会引起一场大灾难!

图 1-1-3 七大行星可以被"塞进"地球和月亮之间

物理学家最感兴趣的大家庭成员是作为主人的太阳。太阳的形状几乎是一个理想的球体,中间是核心,然后是辐射带,最外层是对流带(图 1-1-1(a)中的示意图)。太阳内部及表面发生的热核反应与我们地球上人类的生存息息相关。太阳是被我们称为"恒星"的那一类星体。恒星有它的生命周期,它的"生死"决定了大家庭成员们的生死,不可小觑。

2.

太阳的生命周期

从天文观测的角度看,恒星是会发光的天体,而行星只是反射或折射恒星发出的光线而已。恒星发光的原因是因为它内部的热核反应。公众熟知的核反应例子是世界上各个大国掌握的核武器:原子弹和氢弹。前者的物理过程叫做"核裂变",后者则叫做"核聚变"。裂变指的是一个大质量的原子核(例如铀)分裂成两个较小的原子核;聚变则是由较轻的原子核(例如氢)合成为一个较重的原子核,比如说氢弹就是使得氢在一定条件下合成中子和氦。无论是裂变还是聚变,原子核的质量都发生了变化。爱因斯坦的狭义相对论认为质量和能量是同一属性的不同表现,它们可以互相转换。核反应中有一部分静止质量转化成巨大的能量,并被释放出来,这就是为什么核武器具有巨大杀伤能力的原因。太阳内部所发生的,便是与氢弹原理相同的核聚变。

核聚变发生条件很苛刻,需要超高温和超高压。在地球上人为地制造这种条件不是那么容易,但在太阳的核心区域中却天然地提供了这一切。那里的物质密度很高,大约是水密度的150倍,温度接近1500万℃。因此,在太阳核心处进行着大量的核聚变反应,如图1-2-1(a)所示。

太阳内部的核反应会产生携带着大量能量的伽马射线,也就是光子,同时也产生另外一种叫做中微子的基本粒子。因而,在我们的宇宙中,不仅飞舞着各种频率的光子(电磁波),也飞舞着大量的中微子! 中微子字面上的意思是"中性不带电的微小粒子",是20世纪30年代才发现的一种基本粒子。中微子有许多有趣的特性,有待人们去认识和研究。比如说,科学家们原来认为中微子和光子一样没有静

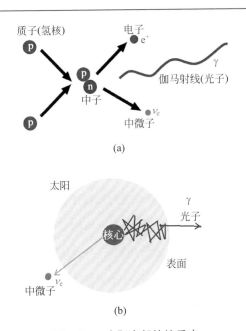

图 1-2-1　太阳内部的核反应

（a）热核反应产生伽马射线（光子）和中微子；（b）中微子的直接辐射和光子的迂回路线

止质量，但现在已经认定它有一个很小的静止质量。

　　太阳核心球的半径只有整个半径的 $1/5 \sim 1/4$。核心之外的辐射区中充满了电子、质子等基本粒子。当光子和中微子在太阳内部产生出来后，它们的旅途经历完全不一样。光子是个"外交家"，与诸多基本粒子都有"交往"，它们一出太阳核心区，旅行不到几个微米便会被核心外的等离子体中的基本粒子吸收，或从原来高能量的伽马射线转化成能量更低的光子，并散射向四面八方。说起来你会难以相信，一个光子如此经过反反复复的曲折迂回的路线之后，平均来说，要经过上万年到十几万年的时间[5]，才能从太阳核心到达太阳表面，继而再飞向宇宙，照耀太阳系，促成地球上的"万物生长"。当光子来到太阳表面时，已经不仅仅是伽马射线，而是变成了很多波段的电磁波。太阳表面的温度相对于核心处 1500 万℃的高温而言，也已大大降低，只有 6000℃左右。

　　中微子则大不相同，见图 1-2-1（b），它不怎么和其他的物质相互作用。因而，它在被核聚变产生出来之后,2s 左右便旅行到了太阳表面,从太阳表面逃逸到太空中去了。所以,非常有趣,当我们在地球上同时接收到从太阳辐射来的光子和中微子时,它们的年龄可是相差太大了:中微子是个太阳核心的"新生儿",光子却是多少万年之前核聚变的"骨灰级"产物了。

无论如何,太阳系大家庭的能量来源是太阳核心的核反应。每 1s 聚变反应都会将超过 400 万 t 的物质(静止质量)转化成能量。如此一来,科学家们不由得担心起来:太阳以如此巨大的速度"燃烧",还能够烧多久呢?

像太阳这类恒星的生命周期和演变过程取决于它最初的质量。大多数恒星的寿命在 10 亿岁到 100 亿岁之间。粗略一想,你可能会认为质量越大的恒星就可以燃烧更久,便意味着寿命更长。但事实却相反:质量越大寿命反而越短,质量小的却会细水长流,寿命反而更长。比如说,一个质量为太阳 60 倍的恒星,寿命只有约 300 万年;而质量是太阳一半的恒星,预期的寿命可达几百亿年,比现在宇宙的年龄还大。

就我们的太阳而言,其生命周期可参考图 1-2-2。

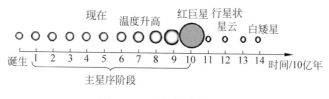

图 1-2-2　太阳的生命周期

由图 1-2-2 可见,太阳是在大约 45.7 亿年前诞生的,目前"正值中年"。太阳在 45 亿年之前,是一团因引力而坍缩的氢分子云。科学家们使用"放射性定年法"得到太阳中最古老的物质是 45.67 亿岁,这点与估算的太阳年龄相符合。

恒星的年龄与恒星的质量有关,其原因是因为"引力"在恒星演化中起着重要的作用。描写引力作用的理论有牛顿的万有引力定律和爱因斯坦的广义相对论。这两个理论被应用在引力较弱的范围时,结果是一致的;但对于强引力场,或者是宇宙大尺度现象时,必须使用广义相对论,才能得出正确的结论。

世界的万物之间都存在引力,引力使得两个质量互相吸引。在一个系统中,如果没有别的足够大的斥力来平衡这种引力的话,所有的物质便会因为引力吸引而越来越靠近,越来越紧密地聚集在一起。并且,这种过程进行得快速而猛烈,该现象被称为"引力坍缩"。在通常所见的物体中,物质结构是稳定的,并不发生引力坍缩,那是因为原子中的电磁力在起着平衡的作用。

恒星在形成和演化过程中也存在引力坍缩。所有恒星都是从由气体尘埃组成的分子云坍缩中诞生的,随之凝聚成一团被称为原恒星的高热旋转气体。这一过程也经常被称作引力凝聚,凝聚成了原恒星之后,其发展过程则取决于原恒星的初始质量。因为太阳是科学家们最熟悉的恒星,所以在讨论恒星的质量时,一般习惯将太阳的质量看成是1,也就是用太阳的质量作为质量单位。

质量大于太阳质量1/10的恒星,自身引力引起的坍缩将使得星体核心的温度最终超过1000万℃,由此启动质子链的聚变反应,即由氢融合成氘,再合成氦,同时有大量能量从核心向外辐射。

当星体内部辐射压力逐渐增加,并与物质间的引力达成平衡之后,恒星便不再继续坍缩,进入稳定的"主序星"状态。太阳现在便是处于这个阶段,如图1-2-2所示。太阳的主序星阶段很长,有100亿年左右。截至目前,太阳的生命刚走了一半,所以人类还可以稳当地继续生活50多亿年,大可不必焦虑。

质量太小(小于0.08个太阳质量)的原恒星,核心温度不够高,启动不了氢核聚变,就最终成不了恒星。不过如果能进行氘核聚变的话,便可形成棕矮星(或称褐矮星,看起来的颜色在红棕色之间)。如果连棕矮星的资格也够不上,便只有被淘汰的命运,无法自立门户,最终只能绕着别人转,变成一颗行星。

不过,恒星核心内部的氢,即热核反应的燃料,终有被消耗殆尽的那一天。对太阳而言,从现在开始,温度将会慢慢升高。当太阳到达100亿岁左右,它内部的氢被烧完了,但是内部的温度仍然很高,于是开始烧外层的氦。此时太阳会突然膨胀起来,体积增大很多倍,形成红巨星。那时候,地球的灾难就会来了,它将和太阳系的其他几个内层行星一起,被太阳吞掉。不过,那已经是 50 亿年之后的事,也许人类的科学技术已经发展到很高的程度,人类早已搬离了太阳系,去到了一个安全的地方。

太阳最后的结局是白矮星,或者再到黑矮星。这里我们用"矮"字来表示那种体积小但质量大的天体。天文学中有五类小矮子:黄矮星、红矮星、白矮星、褐矮星、黑矮星。不过,天体物理中,人们最感兴趣的是白矮星。

人类对恒星的研究始于太阳,但不止于太阳。特别是,恒星的生命周期长达数十至数百亿年,它们的进化过程缓慢。我们看到的太阳天天如此、年年如此,好像世世代代都如此,如果仅仅从太阳这一个恒星的观测数据,很难验证图 1-2-2 中对太阳生命周期(大约 140 亿年)的描述。人的一生中无法观察到太阳的诞生过程,也无法看到它变成红巨星和白矮星时候的模样。任何人所能看到的,只不过是太阳生命过程中极其微小的时段。

科学家总能够找到解决问题的办法。宇宙中除了太阳之外,还有许多各种各样的恒星,有的与太阳十分相似,有的则迥然不同。它们分别处于生命的不同时期,有的还是刚刚诞生的"婴儿"恒星;有的正在熊熊燃烧自己的生命之火,已经到了青年、中年或壮年;也有短暂但发出强光的红巨星和超新星;还有一些已经走到生命尽头的"老耄之辈",变成了一颗"暗星",这其中包括白矮星和中子星,或许还有从未观察到的"夸克星"。此外还有黑洞,它们是质量较大的恒星的最后归宿,可比喻为恒星老死后的尸体或遗迹。观测和研究这些形形色色的处于不同生命阶段的恒星,能给予我们丰富的实验资料,不但能归纳得到太阳的演化过程,还可用以研究其他星体、星系,以及宇宙的演化。

群星灿烂也不灿烂

人们喜欢说"群星灿烂"。但在真实的宇宙里,星星中有灿烂的,也有不灿烂的。在肉眼可见的星星中,行星自己不发光。恒星的生命历程非常漫长,从熊熊燃烧之火,最后变为宇宙中的暗星天体。暗天体不发光,或者发出很少的光亮,默默地待在黑暗之中,但它们仍然用自己强大的引力发挥最后的威力。

越不灿烂的星星,越能激发人们的好奇心。所以,我们的故事就首先从最"暗"的天体——黑洞讲起。

有关黑洞的探讨,可以追溯到 200 多年前的经典力学时代。当时的科学家,比如拉普拉斯,把此类天体叫做"暗星",见图 1-3-1(a)。事实上,首先提出暗星概念的是英国人约翰·米歇尔(John Michell,1724—1793)。他是一位地质学家,却感兴趣于天文学。他使用牛顿力学定律计算质量 m 的运动物体相对于某个质量 M 的星球的逃逸速度 v_e,得到如下公式:$v_e^2 = 2G(M+m)/r$,这里 G 是万有引力常数,r 是星球的半径。如果运动物体的质量 m 很小,可以忽略不计时,逃逸速度与星体质量有关:$v_e = \sqrt{2GM/r}$。

这里的逃逸速度指的是能够逃出这个天体引力吸引的最小速度。我们在地球上抛石头,抛出石头的速度越快,便能将它抛得越远。如图 1-3-1(a)所示,想象有一个大力士,能够给予石头很大的速度,以至于石头飞向宇宙空间。有的石头可能会绕着地球转圈,速度更大的便永远不再回来,这个"不再返回"的最小速度就是逃逸速度。因此,只有当物体相对星球的运动速度 v 大于逃逸速度 v_e 时,物体才能挣脱星球引力的束缚,逃逸到宇宙空间中。这个概念也被著名的皮埃尔-西蒙·拉

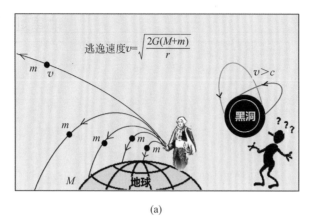

(a)

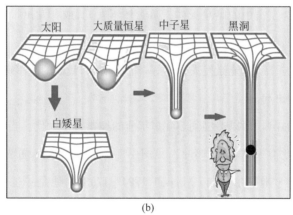

(b)

图 1-3-1　暗星和黑洞
（a）拉普拉斯预言"暗星"；（b）爱因斯坦的广义相对论预言"黑洞"

普拉斯（Pierre-Simon, Laplace, 1749—1827）提出，并写到他的《宇宙系统》一书中，成为黑洞概念的最初萌芽。

根据拉普拉斯和米歇尔的预言，如果星体的质量 M 足够大，它的逃逸速度 v_e 将会超过光速。这意味着即使是光也不能逃出这个星球的表面，那么，远方的观察者便无法看到这个星球，因此它成为一颗"暗星"。当初他们得出这个结论是根据牛顿的光微粒说，计算基础是认为光是一种粒子。有趣的是，后来拉普拉斯将这段有关暗星的文字从该书的第三版中悄悄删去了。因为在 1801 年，托马斯·杨的双缝干涉实验使得大多数物理学家们接受了光的波动理论,微粒说不再得宠。于是拉普拉斯觉得,基于微粒说的"暗星"计算可能有误,新版的书中最好不提为妙。

1915 年,爱因斯坦建立了广义相对论。紧接着,物理学家史瓦西首先为这个划时代的理论找到了一个球对称解,叫做史瓦西解。这个解为我们现代物理学中所说的黑洞建立了数学模型。最有意思的是,虽然拉普拉斯等人有关暗星的计算基础(光的微粒说)是错误的,但他们得出的基本结果(黑洞半径)却与史瓦西解得到的"史瓦西半径"完全一致。因为拉普拉斯等人在计算半径的过程中犯了多次错误,最后,这些错误刚好互相抵消了!

不过虽然算出的半径相同,但作为史瓦西解的"黑洞"概念,已经与原来拉普拉斯的所谓暗星,完全不是一码事。史瓦西黑洞有着极其丰富的物理意义和哲学内涵,黑洞周围的时间和空间,有许多有趣的性质,涉及的内容已经远远不是光线和任何物体能否从星球逃逸的问题。

我们在后面的章节中还会再提到黑洞的数学模型和物理性质。本节中,读者可以首先从时空弯曲的角度来粗略地理解"黑洞",如图 1-3-1(b)所示。

广义相对论描述的是物质引起的时空弯曲[6]。质量比较大的星体,诸如恒星,能使得其周围的时空弯曲,可以将此比喻为一个有质量的铅球,放在弹性材料制造的网格上。铅球的质量使得橡皮筋网格弯曲下陷。比如说,图 1-3-1(b)中最左上角所示是我们的太阳,它在恒星中质量算是中等,橡皮网下陷不多。除了太阳之外,图 1-3-1(b)中还显示了质量密度更大的恒星、白矮星、中子星等情况。不同大小的质量密度会引起不同的时空弯曲,密度越大,弯曲程度越大,相应图中弹性网格的下陷也越深。由图中的描述,黑洞可以看成是当"引力坍缩"后,物体体积极小、质量密度极大时的极限情形。质量太大,引起时空极大弯曲,质量大到弹性网格支撑不住"破裂"而成为一个"洞"。这时候,任何进入洞口的物体都将掉入洞中,再也出不来。这个"洞口"指的是史瓦西半径以内,"物体"则包括所有的粒子及辐射(光),这便形成所谓的黑洞。

前面曾经介绍了太阳的生命周期。你是否想象过,太阳老了之后会是什么样子？再过大约 50 亿年之后,太阳核心的聚变材料(氢)烧完了,会经历一个突然膨胀为红巨星的阶段。那时的太阳将变成一个大红胖子!这段红胖子时间虽然也有好几亿年,但在天文学家们的眼中却不算一回事,因为他们要考虑的时间尺度都太大了。

那么,太阳为什么突然会变成个大红胖子呢?因为在恒星的主序星阶段,热核反应将氢合成为氦。如果氢没有了,核心中的氦又累积到了一定的比例,在核心处便会进行激烈的氦燃烧,导致失控的核反应(氦融合),几分钟内释放出大量能量。天文学家们将这一过程叫做"氦闪",这一闪就是 100 万年!结果闪出了一个大红胖子。胖子内部的氦还在继续燃烧,核心温度达到 1 亿℃。待很大比例的核心物质转换成碳之后,内部温度开始逐渐下降。随着外层的星云物质逐渐被削去,引力使得星体向核心坍缩,体积逐渐缩小。最后,一个白矮子从红胖子中逐渐出现,这便是太阳老时的模样:白矮星!太阳目前的体积为 100 万个地球大小,但它成为白矮星后,体积将缩小到地球大小。因此,白矮星的密度极高,从其中挖一块小方糖大小($1cm^3$)的物质,质量可达到 1t!

白矮星的光谱属于"白"型,白而不亮,因为这时候聚变反应已经停止,只是凭借过去积累的能量发出一点余热而已。老耄恒星也明白"细水长流"之道理,它们发出的光线黯淡不起眼,剩余能量将慢慢流淌,直到无光可发,变成一颗看不见的、如同一大块金刚石(钻石)形态的"黑矮星"!目前在宇宙中观察到的白矮星数目已经可以说是多到"不计其数",据估计银河系就约有 100 亿颗。但是,黑矮星却从未被观测到,科学家们认为其原因是从白矮星变到黑矮星需要几百亿年,已经超过了现在估计出的宇宙年龄。然而,对没有观测到的这类"假想"星体,人类毕竟知之甚少,尚需进行更为深入的研究。

你是否知道夜空中视觉最亮的恒星是哪一颗?就是位于大犬座的天狼星。这颗星如此明亮,因此远在公元前,人们对它就有所记载。天狼是中国人给它起的名字,在西方文化中,它被称为"犬星"。"犬"和"狼"本来是属于同类,虽然在不同文化中对这颗星的称呼相似,但人们对其寄托的想象和征兆却迥然不同。我们的祖先认为这颗星带着一股"杀气",象征侵略。"青云衣兮白霓裳,举长矢兮射天狼。"是屈原《九歌》中的句子;苏轼的诗中也用"会挽雕弓如满月,西北望,射天狼"来表达自己欲报国立功的信念。古罗马人也认为"犬星"主凶,会造成灾难。而古埃及人却把天狼星作为"尼罗河之星"加以崇拜。

天狼星因为最亮眼,因而早就被人类观测到。但直到 1892 年,人们才知道它并非"单身",而是有一个时时不离的"伴侣"。因为观测者在研究天狼星的运动时,发现它总是在转小圈圈。为什么转圈?绕着谁转?依靠更强大的望远镜,人们才认识到天狼星原来是一对双星,便称它们为天狼星 A 和 B。这个伴星 B 的质量约为一个太阳质量,但大小却只与地球相当。它的表面温度也不低(25 000K),但发出的光却只有天狼星 A 的万分之一,因而,它在亮丽的"女伴"旁边不容易被人发现。更多研究表明,它距离我们大约 8.5 光年,是距离地球最近的一颗白矮星。

光年是天文学中经常使用的距离单位,也就是光旅行 1 年所走过的距离。比如说,照在我们身上的太阳光是太阳在 8 分钟之前发出来的,也就可以说,太阳离地球的距离是 8 光分。而光线从刚才提到的天狼星 B,传播到地球上则需要8.5 年。

后来,难以计数的白矮星被发现。2014 年 4 月,在距离地球约 900 光年的水瓶座方向,发现一颗已有 110 亿年寿命的"钻石星球",它是到那时为止发现的温度最低、亮度最暗的白矮星。这块与地球差不多大小的大钻石尽管价值连城,但人类却承受不起,太重了,还是离它远一点为妙。

根据目前的恒星演化模型,我们的太阳在老耄之年的样子,大概就类似于天狼星 B,或者新近发现的这颗钻石星。也许最后,它们将从白矮星缓慢地演化成黑矮星,但永远不会变成黑洞。那么,什么样的恒星最后才将坍缩成为黑洞呢?

4.
钱德拉塞卡极限

在本书一开始时，我们曾经介绍过"引力坍缩"。一个星体能够在一段时期内稳定地存在，一定是有某种"力"来抗衡引力。像太阳这种发光阶段的恒星，是因为核聚变反应产生的向外的辐射压强抗衡了引力。但到了白矮星阶段，核聚变反应停止了，辐射大大减弱，那又是什么力量来平衡引力呢？

20 世纪初发展起来的量子力学[7]对此给出了一个合理的解释。根据量子力学，基本粒子可以被分为玻色子和费米子两大类，它们的典型代表分别是光子和电子。它们的微观性质中最重要的区别是：电子这样的费米子遵循泡利不相容原理，而玻色子不遵守。泡利不相容原理的意思是说，不可能有两个费米子处于完全相同的微观状态。打个比方，许多光子可以以同样的状态"群居"在一起，但电子则要坚持它们只能"独居"的个性。当大量电子在一起的时候，这种独居个性类似于它们在统计意义上互相排斥，因而便产生一种能抗衡引力的"电子简并压"，见图 1-4-1。

电子简并压及费米子独居的特性可用一个通俗比喻来简单说明：一群要求独居的人入住到一家不太大的旅店中，每个人都需要一个单独的房间，如果旅馆的房间数少于入住的人数，一定会给旅店管理人造成巨大的"压力"吧。

白矮星主要由碳构成，作为氢合成反应的结果，外部覆盖一层氢气与氦气。一般来说，白矮星中心温度高达 10^7 K，如此高温下，原子只能以电离形态存在。也就是说，白矮星可以看成是由紧密聚集在一起的离子以及游离在外的电子构成，就像是一堆密集的原子核，浸泡在电子"气"中，如图 1-4-1(b)所示。原子核提供了白矮

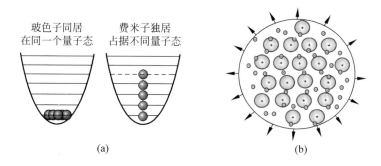

玻色子同居
在同一个量子态　　费米子独居
占据不同量子态

(a)　　　　　　　　　　(b)

图 1-4-1　白矮星中的电子简并压
（a）电子遵循泡利不相容原理；（b）电子简并态产生向外的压力以抗衡引力

星的大质量和高密度,游离电子气则因为遵循泡利不相容原理而产生了抗衡引力坍缩的"电子简并压"。

钱德拉塞卡(Chandrasekhar,1910—1995)是一位印度裔物理学家和天体物理学家。他出生于印度,大学时代就迷上了天文学和白矮星。1930 年,钱德拉塞卡大学毕业,从印度前往英国,准备跟随当时极负盛名的亚瑟·爱丁顿(Arthur Eddington,1882—1944)作研究。他在旅途中根据量子统计规律计算与白矮星质量有关的问题,得到一个非常重要的结论:白矮星的稳定性有一个质量极限,大约是 1.4 倍太阳质量。当恒星的质量大于这个极限值时,电子简并压力便不能阻挡引力坍缩。那时会发生什么呢? 钱德拉塞卡暂时不知道结论,但恒星应该会继续坍缩下去。这个概念与理论相冲突,因为当时大家认为,白矮星是稳定的,是所有恒星的归属。

到了英国之后,钱德拉塞卡重新审核、计算了这个问题并将结果报告给艾丁顿,但却没有得到后者的支持。据说艾丁顿在听了钱德拉塞卡的讲座后当场上台撕毁了讲稿,并说他基础错误,一派胡言。恒星怎么可能一直坍缩呢? 一定会有某种自然规律阻止恒星这种荒谬的行动! 艾丁顿的反对对钱德拉塞卡是一个极大的打击,使得钱德拉塞卡从此走上了一条孤独的科学研究之路。不过,他的论文在一年多之后,仍然找到了一份美国杂志发表。多年之后,他的观点被学术界承认,这个白矮星的质量上限后来以他的名字命名，被称为钱德拉塞卡极限。当他 73 岁的时候，终于因他 20 岁时的计算结果而获得了 1983 年的诺贝尔物理学奖。

其实，钱德拉塞卡的计算并不难理解，从图 1-4-2 可以说明。

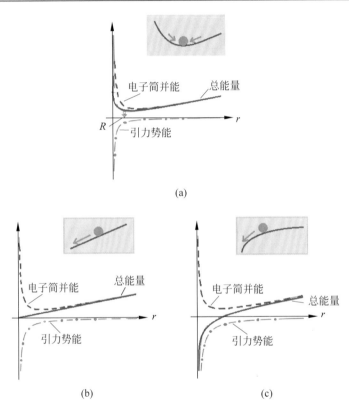

图 1-4-2　使白矮星稳定的钱德拉塞卡极限
（a）$M<1.44M_\odot$；（b）$M=1.44M_\odot$；（c）$M>1.44M_\odot$

图 1-4-2 中画出了电子简并能及引力势能随着恒星半径 r 的变化曲线。图（a）、（b）、（c）分别表示恒星的质量小于、等于、大于 1.44 倍太阳质量时的 3 种情况。电子简并能曲线不受恒星质量的影响，在 3 种情形中是相同的，但引力势能不同，与恒星质量大小密切相关。引力势能为负值表明是互相吸引，电子简并能的正值表示电子之间统计意义上的"排斥"。3 个图中均以实线描述总能量，是由电子简并能和引力势能相加而得到的。从图（a）可见，当恒星的质量小于钱德拉塞卡极

限时,总能量在 R 处有一个最小值,能量越小的状态越稳定,说明这时候恒星是一个半径为 R 的稳定的白矮星。而当恒星的质量等于或大于钱德拉塞卡极限时,半径比较小时的总能量曲线一直往下斜(从右向左看),没有极小值,因为系统总是要取总能量最小的状态,就将使得恒星的半径越变越小,而最后趋近于零,也就是说产生了引力坍缩。这 3 种情形可以类比于图右上方所画的小球在地面重力势能曲线上滚动的情况。只有在第一种情况下,小球才能平衡并达到静止。

难怪艾丁顿对钱德拉塞卡的"继续坍缩"会惴惴不安,他无法理解密度已经如此之大的白矮星坍缩的结果会是什么? 坍缩到哪里去呢? 星体半径怎么可能趋于零? 物理上太不可思议了! 艾丁顿不见得知道当时才刚刚被发现的中子,他也远没有苏联著名物理学家朗道(1908—1968)的敏感。据说发现中子的消息传到哥本哈根,量子力学创始人玻尔(1885—1962)召集讨论,朗道听到后立即就发言,预言了中子星存在的可能性。他认为如果恒星质量超过钱德拉塞卡极限,也不会一直坍缩下去,因为电子会被压进氦原子核中,质子和电子将会因引力的作用结合在一起而成为中子。中子和电子一样,也是遵循泡利不相容原理的费米子。因此,这些中子在一起产生的"中子简并压"力可以抗衡引力,使得恒星成为密度比白矮星大得多的稳定的中子星。中子星的密度大到我们难以想象:每立方厘米为 1 亿 t 到 10 亿 t。

不过,恒星坍缩的故事还没完! 后来在"二战"中成为原子弹"曼哈顿计划"领导人的奥本海默,当时也是一个雄心勃勃的年轻科学家。他想,白矮星质量有一个钱德拉塞卡极限,中子星的质量也应该有极限啊。一计算,果然算出了一个奥本海默极限。不过当时奥本海默的计算结果不太正确,之后,奥本海默极限被人们修正为 2～3 倍太阳质量。

超过这个极限的恒星应该继续坍缩,结果是什么呢? 基本粒子理论中已经没有更多的东西来解释它,也许还可以说它是颗"夸克星"? 但大多数人认为它就应该是广义相对论所预言的黑洞了。那么,史瓦西在 1916 年从理论上算出来的黑洞,看起来就是质量大于 3 倍太阳质量的恒星的最后归宿,它很有可能在宇宙空间中存在！这个结论令人振奋。

虽然科学家们在20世纪30年代就预言了中子星，甚至黑洞，但是真正观测到类似中子星的天体，却是在30多年之后。

发现中子星的过程颇具戏剧性。那是在1967年10月，一个似乎带点偶然的事件。安东尼·休伊什（Antony Hewish, 1924—   ）是一位英国射电天文学家，他设计了一套接受无线电波的设备，让他的一位女研究生贝尔·伯奈尔日夜观察。贝尔在收到的信号中发现一些周期稳定（1.337s）的脉冲信号。这么有规律！难道是外星人发来的吗？贝尔兴致勃勃地向休伊什报告，并继续将收到的信号加以研究，两人将这些信号称为"小绿人"，意为来自外星人。但后来又发现这些脉冲没有多少变化，不像携带着任何有用的信息。最后人们将发出这一类信号的新天体称为"脉冲星"，并且确认它们就是30年前朗道预言的中子星，发出的脉冲是中子星快速旋转的结果。安东尼·休伊什也因此荣获1974年的诺贝尔物理学奖，但大多数人对贝尔未能获奖而愤愤不平。比如霍金在《时间简史》一书中，就只说脉冲星是贝尔发现的。

中子星虽然密度极大，但它毕竟仍然是一个由我们了解甚多的"中子"组成的。中子是科学家们在实验室里能够检测得到的东西，是一种大家熟知的基本粒子，在普通物质的原子核中就存在。而黑洞是什么呢？就实在是难以捉摸了。也可以说，恒星最后坍缩成了黑洞，才谈得上是一个真正奇妙的"引力坍缩"。

如上所述，不同质量的恒星可能走向不同的命运，老死的过程有所不同。太阳经过红巨星阶段之后，没有足够的质量再次爆发成为超新星，最后的归属是变成白矮星再到黑矮星。而比3倍太阳质量更大的恒星在变成红巨星之后，将会再爆发成为超新星，然后形成中子星和黑洞。

有一个描绘众多恒星演化状态的赫罗图，它是恒星温度相对于亮度的图。或者说是恒星的亮度（绝对星等）和它的颜色之间的规律。天文学家们根据观察到的恒星数据将每个恒星排列在图中，结果吃惊地发现，在主序星阶段的恒星都符合这个规律，像在电影院中对号入座一样。这个规律被丹麦天文学家赫茨普龙和美国天文学家罗素各自独立发现,因而被命名为"赫罗图",见图1-4-3。

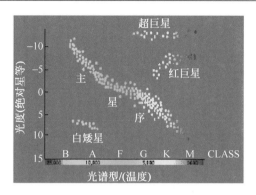

图1-4-3　恒星的赫罗图

　　中子星和白矮星都是已经被观测证实的在宇宙中存在的"老年"恒星。天文学家们也观测到很多黑洞,或者可以说观测到的是黑洞的候选天体。将它们说成是"候选"的,是因为它们与理论预言的黑洞毕竟有所差别。例如,离地球最近的孤立中子星位于小熊座,被天文学家取名为"卡尔弗拉"(Calvera)。这种中子星没有超新星爆发产生的残余物,没有绕其旋转的星体,因为发出X射线而被发现。离地球最近的黑洞位于人马座,它与一颗普通恒星组成一个双星系统而被发现。对这个黑洞的探索还在继续进行中,下一节中还会谈到它。

5.

天上有个好莱坞

　　我们头顶上的迢迢银河是一座宇宙中的星城,是天上的好莱坞。上一节中涉及的肉眼可辨的所有恒星,还有我们的太阳和太阳系,绝大多数都属于这座巨大的星城——银河系(图 1-5-1)。

图 1-5-1　地面的星城和天上的星城

　　宇宙实在太大太大了! 如果将每个天体比作一个生命体,我们人类只像是寄生于地球身体上极其微小的生物。那么,太阳系算是地球之家,银河系则是这个家所在的城市。这一节中,我们就来探索一下这个城市。

　　在非常久远的古代,人类就认识了银河。那是悬挂在静谧夜空中的令人遐想的一道星河。孩子们想象着是否可以跳到天河中去游泳? 成年人则以银河两边两颗晶莹闪烁的星星编出了牛郎织女等浪漫的神话故事。此外,中国古诗词中也不乏描写银河的句子:王建用"天河悠悠漏水长,南楼北斗两相当"的句子来描写夜空;杜甫则以"星垂平野阔,月涌大江流"来抒写自己的抱负和情怀。

西方文化中也有类似的神话,将银河称为"牛奶路"。这个"奶"字来源于希腊神话,意指这条"天河",是天帝宙斯的妻子(天后赫拉)在天上洒落的乳汁。

但是,神话和联想只停留在文学和艺术的意义上,只有科学才能让我们进行更深入的探索。有了科学的帮助,人类才得以了解满天繁星后面暗藏着的秘密。比如说,我们现在知道了天空中绝对亮度最亮的北极星距离地球约 323 光年!而牛郎星和织女星相距 16 光年,就算用光速进行通话,来回一次也要 32 年,看来是不可能约定每年一次的七夕相会了。

古人也知道银河是由无数星星组成的,但人类真正对银河系有了科学的认识,还是从近代才开始。

我们现在抬头仰望银河,可以给孩子们滔滔不绝地讲解有关地球、太阳系、银河系、行星、恒星、彗星、星云等天文知识。与银河系有关的许多天文观测记录,都和一位传奇的女天文学家卡罗琳·赫歇尔(1750—1848),以及她的哥哥,英国著名天文学家威廉·赫歇尔(William Herschel,1738—1822)的贡献有关。

1785 年,威廉认为银河系是扁平的,太阳系位于其中心。30 多年后,美国天文学家沙普利从威廉兄妹的观测数据,得出太阳系位于银河系边缘的结论。直到 20 世纪 20 年代,天文学家们才认识到银河系正在不停地自转。

赫歇尔这个名字,实际上是一个天文学界中的著名家族,包括上面提及的威廉,他的妹妹卡罗琳,和威廉的儿子约翰·赫歇尔(1792—1871)。

卡罗琳是科学史上少有的杰出女性之一,她的经历颇具传奇性。她是赫歇尔家庭中十个孩子里的第八位,小时候多灾多病。在 10 岁时,她得了斑疹伤寒,导致脸上疤痕累累。她身材矮小,据说高度长到 4.3 英尺就停止了。由于发育不良,她的父母认为她不会结婚,没给予她正规教育,而是把她训练成一名仆人。但是后来,老赫歇尔去世后,威廉发现了妹妹的天赋,将她从家中解救出来,让她走向了外面的广阔世界。

威廉·赫歇尔对音乐有浓厚的兴趣，而且造诣颇深。他让卡罗琳学习音乐，教她如何唱歌。卡罗琳很快成为一个多才多艺的女高音，不过她只在威廉举办的音乐会上演唱。当威廉的兴趣转向天文观测方面之后，卡罗琳又成为他在这方面不可或缺的得力助手。

卡罗琳学会了如何擦亮透镜，如何自己制作望远镜。威廉还教会卡罗琳如何记录观察到的资料和数据，如何进行必需的数学计算。兄妹俩用亲手制成的望远镜（图 1-5-2），先后探察了北半球 1083 个天区的共计 11 万多颗星星。

图 1-5-2　赫歇尔兄妹自制的望远镜

1781 年 3 月 13 日，赫歇尔兄妹在观测双星时发现了一颗新的行星——天王星。这项发现为他们赢得了巨大的声誉，也使威廉于 1782 年成为英国皇家天文学家。于是，卡罗琳随哥哥前往英国，但威廉经常需要外出进行学术活动，卡罗琳则作为威廉的管家和助理留在家里。这种时候，她也从不放过任何一次观测天象的机会。并且，她逐渐积累起不少自己独立观测到的天文记录。

1783 年 2 月 26 日，卡罗琳发现了一个疏散星团（NGC 2360），并在那年年底又发现了另外两个星团。在 1786 年 8 月 1 日，卡罗琳发现一个发光物体在夜空中缓缓行驶。她在第二天晚上再次观察到这颗天体,并立即通过邮件提醒其他天文学家,宣布自己发现了一颗彗星。她还告知其他人该彗星的路径特点,使他们可以观测研究。这是目前公认的第一颗女性发现的彗星,这一发现使卡罗琳赢得了她的第一份工资。1787年,卡罗琳正式被乔治三世国王聘用为威廉的助手,成为第一位因为科学研究而得到国王发给工资报酬的女性。

卡罗琳总共独立地发现了14个星云和8颗彗星。她终身未嫁,是否谈过恋爱我们也不得而知,她把每一天的生命都贡献给了天文观测(图1-5-3)。

图1-5-3　卡罗琳从家庭仆人成为"领工资"的天文学家

在1822年威廉去世后,卡罗琳从英国返回德国,但并没有放弃天文研究,她整理出了自1800年威廉发现的2500个星云列表。她帮助天文学会整理和勘误天文观测资料,补充遗漏,提交索引。英国皇家天文学会为表彰她的贡献,授予了她金质奖章。在她96岁时,普鲁士国王也授予她金奖。

威廉死后,他的儿子约翰子承父业,继续父亲和姑姑的工作。约翰把观测基地移到了南非,在那里探测了2299个天区的共计70万颗恒星,第一次为人类确定了银河系的盘状旋臂结构,把人类的视野从太阳系伸展到10万光年之遥。从三位赫歇尔大量的观测结果(近百万颗星星!),人们才开始认识到世界之大、银河系之大,而整个太阳系不过是银河系边缘上一个不起眼的极小区域而已。

后来,美国著名的天文学家爱德温·哈勃(Edwin Hubble,1889—1953)第一次将人类的眼光投向了银河系之外。也就是当人们认识到"天外还有天，河外还有河"之后，才对银河系这个天上的大城市有了更多的认识和了解。有些时候，需要设想让自己"跳出"银河系来观察银河系才为准确。否则便成了"不识银河真面目，只缘身在此河中"。

哈勃将宇宙中的星系按其外观分为两类：椭圆星系和旋涡星系，旋涡星系中又包括正常的旋涡星系和棒旋星系。此外，还观察到一些形状不太规则的星系，暂时称它们为不规则星系，见图 1-5-4。哈勃的星系分类规则被沿用至今，不过从现代天体物理的观点看，哈勃对这几类星系演化历史的解释却不正确。

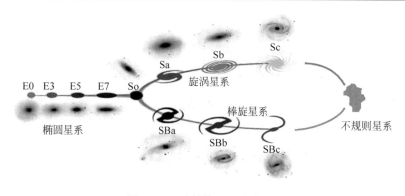

图 1-5-4　哈勃的星系分类法

哈勃认为他的星系分类法也描述了星系的演化，也就是说，星系按照图 1-5-4 中从左到右所示的过程演化：最左边最接近球形的星系是幼儿时期，然后变成椭圆，再变成有旋臂的旋涡星系，之后旋臂会逐渐减少。根据现代的星系演化理论，过程却正好反过来。最开始星系由许多球状小星团融合而成，融合到一定程度便开始旋转形成圆盘状，并产生多条旋臂。之后，旋臂数逐渐减少，最后变成椭球形。

现代的观测估计，银河系大约包含了 2000 亿颗恒星。虽然恒星只是星系的主要成员，但这个数目已经大大超过了地球上的总人口数。所以，仅仅将银河系比喻为一座大城市，其实是大大地"小看"它了！

这么多的恒星，是如何分布在银河系这座城市里的呢？

　　银河系在不停地自转,早期认为属于正常的旋涡星系,但现在有证据表明它是一个棒旋星系,因为在它的核心,有一个类似长棒的恒星聚集区,见图 1-5-5(a)中的俯视图和侧视图。太阳系又以每秒 250km 的速度围绕银河中心旋转,旋转周期

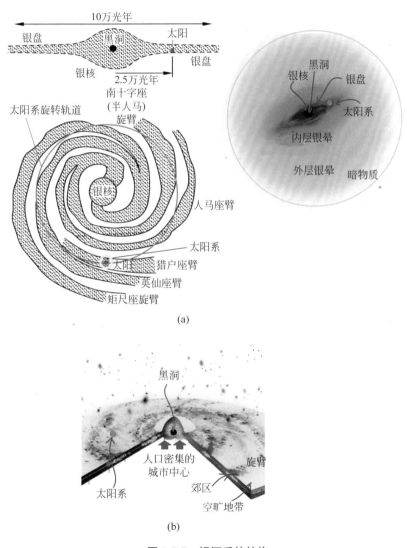

(a)

(b)

图 1-5-5　银河系的结构

(a) 银河系和太阳系;(b) 银河系的星体分布

约2.2亿年。据说包括暗物质在内的银河系总质量大约是8000亿个太阳(这个数值很难说,各种模型的估算值之间相差很大!)。整个银河看起来,像是一个形状扁平的飞碟,在空中飞速旋转。飞碟直径大约10万光年,中心厚度大约1.5万光年,边缘厚度也有3000光年。太阳系算是住在银河系的"郊区",离中心处2.8万光年左右。也正因为地球是从比较边缘处望这个大盘子,所以银河系看起来才像一条带子,或者说像是"一条河"了。

大多数亮晶晶的星星都集中在银核和银核周围的银盘上,银盘实际上又由几条旋臂组成。银河的主要区域是圆盘形,但外面还有两层由稀疏的恒星和星际物质组成的球状体,称为银晕,见图1-5-5(a)右上方图中的内层银晕和外层银晕。此外,按照最新的理论,图中所画的这一切都应该"泡"在一个更大的"暗物质"的海洋中。

近几年来天文探测技术突飞猛进,科学家们发现,大多数星系的中央都存在一个超重黑洞,我们的银河系也是如此。在距离地球2.6万光年的地方,靠近银河系的中心处有一个人马星座,也就是人们俗称的射手座。这个星座的星星排列方式看起来如同一个半人半马的射手形象,因而得名"人马"。近几年来,人马座A*引起了天文学家们的极大兴趣,因为它是一个强大的红外线和X射线辐射源。一位德国科学家在2008年最终证实,人马座A*位于银河系中心,就是一个质量约为400万倍太阳质量的超大黑洞。

我们这个大盘子城市的"市中心"的核心部分竟然是一个超大质量黑洞!黑洞具有将周边物体吸进洞中的能力,进去就出不来,有点像是恒星的"坟墓"。在黑洞的周围是恒星密集的"银核"。银核像一座长长的橄榄球形城堡,也可以说是一个"养老院",因为其中居住的几百亿颗恒星中,大多数是老耄之年的白矮星。

银核的外面是银盘。这个天天挂在我们夜空中的大盘子实际上由好几条旋涡形的"手臂"组成,称之为旋臂。我们从地球上看到它的侧影,很像一条河。但如果我们能够跳出地球,到大盘子的正面去看它,它更像一个旋转的风车。风车有4个叶片,即银河系的4条主要旋臂,分别是矩尺、半人马—盾牌、人马与英仙等主要旋臂。太阳系位于半人马与英仙臂间的次旋臂(猎户臂)中。旋臂主要由星际物质构成,也有或疏或密的恒星散布其中,就像城市边沿的郊区部分,居民比市中心少多了,时而密集、时而零落地散布在空旷的原野中,见图 1-5-5(b)。

在银河旋臂中居住的主要是年轻的恒星,类似太阳,它们还在发光发热,处于精力旺盛的主序星阶段,喜欢住郊区。此外,那里也有聚聚散散、四处游荡的童年恒星。

在球形外围的银晕部分,大部分是稀疏的尘埃和星云,也零散地分布着少量恒星,其中也有一些白矮星类型的"孤寡老人"。

6.

河外星系知多少

从地球上看来,银河系是天上的大城市,但和整个宇宙比较起来,银河系又小得可怜,见图 1-6-1(a)。宇宙是一个广袤无垠、浩瀚辽阔的天体海洋,银河系只是海洋中的一座小岛。古代人只凭肉眼,视力有限,所见星球中绝大多数只是银河中的成员。伽利略发明的望远镜扩大了人类的视野,观察到的天体数量大大增多。但是,仅仅从整个天球上分布的星星的亮度和闪烁情况,我们很难勾勒出宇宙的整体图像,因为我们毕竟还是要受限于"在此山中"的客观事实。

尽管肉眼视力有限,我们还是能看见银河系的两个近邻:大小麦哲伦云,如图 1-6-1(b)所示。能看到南半球天空的古人应该很早就发现了与银河系有所分离的这两团星云。不过,大多数的观测并未在历史上留下痕迹,波斯天文学家阿尔·苏非于公元 964 年出版的《恒星之书》中曾经提到阿拉伯人对它们的观测。后来,直到 16 世纪初著名的葡萄牙航海家麦哲伦作环球航行时,再次发现了这两个星云并且对它们作了详细的描述,因此,后人将它们用这位航海家的名字命名。

但即使当年的航海家观测到了这两个星云,也并不明白它们是什么? 位于何处? 首先,如何准确地测量星体与我们地球之间的距离就不是一个容易解决的问题。人类迄今为止所得到的所有天文知识,都是靠光,也可以说是被现代科学技术武装扩大了的"目测法"。本书后面会对此作更为详细的介绍。

1912 年,美国天文学家勒维特利用"周光关系法"测定出小麦哲伦云与我们的大概距离,使其成为最早被人类确认的(可能)不属于银河系的星系。近代天文学告诉我们,大小麦哲伦云与银河系的距离分别为 16 万光年和 19 万光年,质量分别

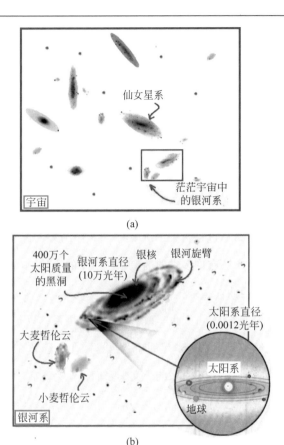

图 1-6-1 宇宙、银河系、太阳系大小比较

是银河系的几十分之一和百分之一。从图 1-6-1(b)中看起来,它们只是银河系旁边两个小"团团",但它们的每一个都拥有数十亿颗恒星! 虽然大小麦哲伦云也算是星系,但是它们与银河系太亲密了,像婚礼上新娘的两个"伴娘"。不过,它们围绕银河系转圈的周期又是一个让你吃惊的天文数字:10 亿～15 亿年才转一圈! 此外,这种转圈运动也不会永远继续下去,据说小麦哲伦云已经逐渐被银河系强大的引力撕裂,天文学家们预言,这两个"伴娘"多年之后的命运将会是与银河系合为一体。

不过也有观点认为,像大小麦哲伦云这样绕着银河系转圈的星系,只能算是银河系的卫星星系。在宇宙中观测到许多较大的星系都有卫星星系，不过卫星星系一般都是一些"矮子"，像银河系这种牵着两个不算"矮"的"伴娘"星系的不是很多。实际上，除了大小麦哲伦云之外，银河系还有好几个围绕她转圈的卫星"矮星系"，比如大犬座、人马座、大熊座、小熊座等。

如果不算麦哲伦云，哈勃是第一个真正"望"到了银河系之外的人。当他初到美国加州的威尔逊山天文台时，当时的天文界权威得意地告诉他，他们已经估算出了银河系的大小，半径大约是 30 万光年。他们认为，这大概就是观测的极限，也差不多是宇宙的极限了。可哈勃根本不相信这种观点，几年后，他用 2.54m 口径的胡克望远镜证实，银河系不过是宏大宇宙中的一颗小小沙粒，除了银河系这个极其普通的成员之外，宇宙中还有许多类似的星系。当年的哈勃，首先"看"到了距离银河系 200 万光年之外的仙女星系！

与观察到麦哲伦云类似，古人也早就看到了仙女星系。只是，古人一直认为她是银河系中一个类似于太阳系的恒星系统而已。阿尔·苏非在《恒星之书》中，则将仙女星系描述为一片"小云"，后来的天文学家们也认为她属于银河系，称之为仙女星云。

19 世纪有一个叫艾萨克·罗伯茨的英国商人，对天上的这片"小云"产生了好奇心，下决心要把它"看"得更清楚。罗伯茨依靠他的经济实力，在英国萨塞克斯郡建造了一座私人天文台，并且自己动手改进当时粗糙不堪的天文设备，还自制了一架口径 10cm 的望远镜。罗伯茨利用他的这些天文"玩具"，观测并拍摄了一些他的同时代人未见过的天文照片。

1887 年，罗伯茨使用长时间曝光的方法，为这朵"小云"拍摄了一张清晰的照片，给世人展示了仙女挥动"双臂"旋转的舞姿，第一次让人们认识到仙女星系有两个旋臂，见图 1-6-2(a)。

当然，照片再清晰也回答不了这团光斑到底是在银河系之内还是银河系之外的问题。答案是由哈勃在 1924 年利用造父变星的光变周期测量了"小云"的距离之后得到。根据哈勃的测量，她距离我们 200 万光年之遥，当然只能位于银河系之

图 1-6-2　仙女星系

(a) 罗伯茨于 1887 年拍的第一张仙女座照片；(b) 后来的高精度仙女座照片

外了，因为我们所在银河系的直径不过十几万光年。因此，仙女座被认定是一个比银河系还大得多（大约 2 倍）的独立星系。

在月光较暗淡的秋天夜晚，如果你在远离城市的郊外仰望星空，便会较容易地辨别出一个被观测者称为"秋天四边形"的图像，这个四边形是由飞马座的三颗星和仙女座的一颗星构成的。除了飞马座和仙女座之外，旁边还有仙后、仙王、英仙、双鱼等星座，见图 1-6-3(a)。

这些星座名字大多数来自古希腊神话中的神仙。古人们望着迷人的夜空，遐思不断，编织出许多美丽的童话故事。仙女座的名字——安德罗墨达（Andromeda），指的是埃塞俄比亚国王（仙王）与王后（仙后）之爱女，其母卡西奥佩娅因为不断炫耀女儿的美丽而得罪了海神之妻。海神为实现妻子报复卡西奥佩娅的心愿，下令海怪（鲸鱼）施展魔法，掀起一波又一波的海啸巨浪，使得附近海域成天不得安宁。海神请求神谕，逼迫仙后献上安德罗墨达。仙王和仙后只好将女儿安德罗墨达用铁索锁在一块礁石上，后来宙斯之子、英俊潇洒的柏修斯（英仙）刚巧骑着飞马路过此处，瞥见惨剧。安德罗墨达的父母请求柏修斯营救他们的女儿，作为条件他可以娶安德罗墨达为妻，并成为埃塞俄比亚的国王。于是柏修斯力战并杀死了鲸鱼，救出仙女并与其结成美满的姻缘。

仙女星系是一个典型的旋涡星系。如同银河系，仙女星系也有好几个卫星星

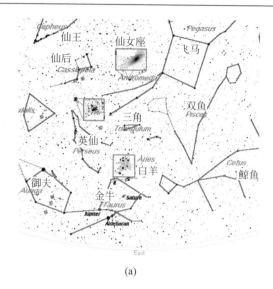

(a)

(b)

图 1-6-3　仙女座

（a）十月的北美夜空；（b）40 亿年之后的仙女星系（左）和银河系

系，目前所知的已经有 14 个矮子星系绕着仙女星系旋转。

　　河外星系的发现是人类探索宇宙过程中的重要里程碑。天文学和宇宙学中，哈勃的名字已经和好几个里程碑相关。在现代的天文观测手段中，这个名字又和一个重要的太空天文望远镜联系在一起,人们以此表示对这位探索宇宙的先行者的无比敬仰和永恒怀念。

天文学家们估计河外星系的总数在千亿个以上,星系的外形和结构多种多样,每个星系又都由数万乃至数千万颗恒星组成。除了独立的星系之外,大多数星系又互结为"群",群中的成员数少则两个,多则几百上千个。比如说,我们的银河系和她的邻居仙女星系,还有其他30多个星系,共同组成了一个更大的星系集团,科学家们称她为"本星系群"。

还有一件有趣的事。根据天文学家的研究结果,仙女星系正在以每秒20km的速度向银河系靠拢,据说最后将与银河系相撞,如图1-6-3(b)所示。不过大家不需要担心,那是40亿年之后才会发生的事情。

第二章

牛顿的宇宙

第一章中介绍了一些基本的天文知识，从地球到太阳系、到银河系，再到本星系群和浩瀚无垠的宇宙，宇宙之大让人震撼，宇宙之美引人遐想！宇宙的物理学呢，则向科学家们提出了一个又一个难解之谜……

永恒而稳定的宇宙图景

远古时候的人,对宇宙只能想象,谈不上"研究",只有当越来越多的星球、星系、星系团被我们观测到之后,才有可能在大尺度的范围内来观测和研究宇宙应该呈现的面貌,这便是宇宙学的目的。

宇宙学有两个基本假设,我们称之为宇宙学原理,指的是在大尺度的观测下,宇宙是均匀和各向同性的。也就是说,就大尺度而言,你在宇宙中的任何位置,朝任何方向看,都应该是一样的。

宇宙学原理只在"大尺度观测"下才成立。何谓大尺度?打个日常生活中的比方,如果我们从"大尺度"的角度来观察一杯牛奶,看起来是一杯均匀和各向同性的白色液体。但是,如果从微观角度看,便有所不同了,其中有各种各样的分子和原子,分布很不均匀,各向异性。如果设想有一种微观世界的极小生物(只能假想,细菌也比它大多了),生活在这杯牛奶中某个原子的电子上,犹如我们人类生活在地球上。原子核就是它们的"太阳"。一开始,这种生物只知道它们能够观察到的原子世界,即它们的"太阳系"。细菌朝四面八方观察,显然不是各向同性的,因为一边有太阳,一边没太阳。后来,细菌们跳出了太阳系,看到了原子之外原来还有巨大的分子,它们所在的原子不过是大分子中的一个极小部分。再后来,它们又认识到它们的"牛奶"世界中还有其他各种各样的分子:水分子、蛋白分子、脂肪分子、糖分子等。

用上面的比喻可以说明天文学和宇宙学研究对象的区别。微小细菌的"天文学"研究的是氢原子、水分子等各种原子和分子;而它们的"宇宙学"研究些什么呢？那是它们"跳"出它们的小世界之后，把这杯牛奶作为一个"整体"来研究，这杯牛奶的质量、颜色、密度、流动性等。也许还可以研究这杯奶的来源：在母牛的身体内是如何分泌、产生出来的？所以，所谓大尺度，研究的就是这些只与整体有关，不管分子、原子细节的性质。

我们将要介绍的宇宙学研究也是这样，不像天文学那样研究个别的、具体的恒星、星系或星系群。我们需要"跳"出地球，"跳"出银河系，站在更高处，将宇宙作为一个整体"系统"来看待，研究宇宙的质量密度、膨胀速度、有限还是无限、演化过程、从何而来、将来的命运等。

在天文学家眼中，一个星系是千万颗恒星的集合，而在宇宙学家眼中，一个星系只是他所研究的对象中的一个"点"。

在宇宙的大尺度上，引力起着重要的作用。物理学引力理论中有牛顿万有引力和广义相对论两个里程碑，分别对应于两种不同的宇宙图景和宇宙学：牛顿的宇宙模型，以及现代物理中以大爆炸学说为代表的宇宙标准模型。

虽然牛顿理论可以当作广义相对论在弱引力场和低速条件下的近似，但就其物理思想而言，牛顿理论有两个根本的局限性。一是认为时间和空间是绝对的，始终保持相似和不变，与其中物质的运动状态无关。因而，牛顿的宇宙图景只能是永恒的、稳定的、无限大的。二是牛顿理论中的"力"，是一种瞬时超距作用，光速是无限大，但这点与实验事实相矛盾。牛顿理论中的万有引力也是瞬时传播，没有引力场的概念，引力作用传递不需要时间。从牛顿引力定律则不可能预言引力波。其次，牛顿宇宙图景需要的宇宙无限的假设，与牛顿理论之间存在着无法克服的内在逻辑矛盾，引起不少难以解释的佯谬。牛顿引力理论是弱引力条件下的理论，对于强引力场和大尺度作用范围是不适用的，很多时候，对宇宙时空的理解都涉及无穷大和无穷小的问题。矛盾和佯谬恰恰就由此产生。

那么，宇宙时空到底是有限还是无限的？物质是否可以"无限"地分下去？这些概念是否只是无限逼近的一个理论极限？其实，天文学、宇宙学、物理学研究的历史中，存在很多著名的疑问和佯谬，佯谬实质上就是科学家们提出的疑难问题。

不断地发现、提出、研究,直至最终解决悖论佯谬,这就是科学研究的过程。科学中的悖论、佯谬是科学发展的产物,预示我们的认识即将进入一个新的阶段,上升到新水平。

　　牛顿宇宙学和现代宇宙学都遵循均匀各向同性的宇宙学原理。牛顿理论认为宇宙和时间空间都是静态和无限的,时间就是放在某处的一个绝对准确、均匀无限地流逝下去的"钟",空间则像是一个巨大无比的有标准刻度的框架,物质分布在框架上。这种静态无限的传统宇宙观,初看起来简单明了,似乎容易被人接受,但却产生了不少佯谬,比如夜黑佯谬(也叫光度佯谬)、引力佯谬,以及与热力学相关的热寂说佯谬等。

2.
夜空为什么黑暗

夜空为什么是黑暗的？这问题听起来太幼稚了，像是一个学龄前小孩向父母提的问题。其实不然，这是物理学中一个著名的佯谬：夜黑佯谬，又称为奥伯斯佯谬[8]。

为什么天空在白天看起来是明亮的，夜晚看起来是黑暗的？表面上的道理人人都懂，不就是因为地球的自转，使得太阳东升西落，昼夜交替而造成的吗。当然，从物理的角度来看，大气的作用也不能忽略。如果没有大气，天空背景本来就是黑暗的，白天也一样，太阳不过只是黑暗背景中一个特别明亮的光球而已，宇宙飞船中的航天员在太空中看到的景象就是如此。

因为有了大气，地球上才有了白天黑夜。白天，也就是当我们所在的位置对着太阳的时候，太阳光受到空气分子和大气尘埃的多次散射，使得我们看向天空中的任何一个方向，都会有光线进入眼睛，所以我们感觉天空是亮的。夜晚到了，地球把它的"脸"转了一个 180°，使我们背朝太阳，我们所在的地球上的"那个点"正好躲到了背对太阳的地球阴影里面，大气中不再有太阳的散射光芒，天空看起来是黑暗的。

我们可以用如上方式向孩子们解释夜空为何黑暗。但是，有一位叫奥伯斯的人不同意这种说法。奥伯斯(Olbers, 1758—1840)是德国天文学家，他在 1823 年发表了一篇文章，针对与上面类似的解释，奥伯斯说：

"不对，晚上虽然没有太阳，但还有其他的恒星啊！"

某个物理系的学生则说："大多数恒星离我们地球太远了，以至于看不见它们。因为恒星照到地球上的光度与距离平方成反比而衰减。"

然而，奥伯斯说："看不见个别的星球，不等于看不见它们相加合成的效果。所有恒星的光相加起来，也有可能被看到啊。"

的确如此，许多肉眼看不见的遥远恒星发出的光线合成后，可以达到被看见的效果。比如说，我们肉眼可以看见仙女星系，但实际上这个星系中任何一颗恒星的亮度都没有达到能被肉眼看见的程度。整个仙女星系能够被看见，是其中所有恒星发出的光线合成的结果。另外，当我们抬头仰望银河的时候，看到的也是模模糊糊的一片白色，那也是许多星光相加的效果，用肉眼很难将它们分辨成一颗一颗单独的星星。

于是，这位学生表示同意地说："对，相加的效果可能使得星系能够被观测到，但仍然不够照亮夜空……"

奥伯斯："但你忘了，星球数目有无限多啊！"

至此，物理系学生暂时无语，他在思考奥伯斯提及的"星球无限多"的问题。

那时候是牛顿的新物理学当道的年代，实际上布鲁诺很早就大胆预言了宇宙无限，康德后来也提出过空间中存在无数星系的想法，一个动态而无限的宇宙图景，使当时初见雏形的宇宙论走向科学。并且，无限宇宙的图景是与牛顿力学的绝对时空观念相符合的。比如说，牛顿第一定律认为不受外力作用、具有初速度的物体将做匀速直线运动，而这种运动只在无限的宇宙时空中才能实现。此外，从牛顿的万有引力定律，任何两个物体间的引力与距离平方成反比，当它们相距无穷远时引力为零，这点暗含着宇宙是无穷大、边界条件为零的假设。

因此，学生思索一阵之后说："无限的宇宙中星球数目的确是无限多，那又怎么样呢？"

奥伯斯笑了："那我们就来做一个中学生都能懂的计算，算算这无穷多个星球的光传到地球上造成的相加效果有多大……"

奥伯斯认为，如果宇宙是无穷大、各向同性、星体均匀分布的，就会得到夜晚的天空也应该明亮的结论。

如图 2-2-1 所示，因为宇宙是无穷大，地球上的人朝任何一个方向观察，比如图中的立体角 A 的方向，都能看到无限多的星球。所有星球发出的（或者反射的）光传到地球上来，产生的光度的总和，便描述了这个观测方向上天空的亮度。如何求立体角 A 中观察到的这个总亮度呢？考虑距离地球为 R 处、厚度为 ΔR，包围着的一个壳层（球壳在立体角 A 中的部分）。如果用 N 表示宇宙中星球数的平均密度，上述壳层中星体的数目则等于体积乘以 N。厚度为 ΔR 的壳层中星体的数目 $= R^2 \times A \times \Delta R \times N$，该壳层单位立体角对地球人观察到的光度的贡献 $= \Delta R \times N$。这里 ΔR 是壳层的厚度，N 是星球密度。

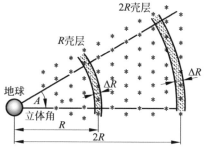

如果 $N \Rightarrow$ 宇宙中星球的平均密度

ΔR 壳层中的星球对地球光度的贡献 $= \dfrac{\text{壳层体积} \times N}{R^2} \approx \dfrac{R^2 \times \Delta R \times N}{R^2} \approx \Delta R \times N$

图 2-2-1　夜黑佯谬

上面推导的最后结果与 R 无关，也就是说，无论距离地球远近，每个壳层对光度的总贡献都是一样的，都等于 $\Delta R \times N$。虽然星光在地球上的亮度按照 R^2 规律衰减，壳层离地球越远，亮度会越小。但是，壳层越远，同样的立体角中所能看到的星星数目便会越多，星体的数目也按照 R^2 的规律增加。因此，衰减和增加的两种效应互相抵消了，使得每个壳层对光度的贡献相同。然后，对给定立体角 A 上的所有壳层求和，即将所有的壳层厚度加起来，最后得到地球观察者看到的总亮度是 $R_{宇宙} \times N$。这里的 $R_{宇宙}$ 是宇宙的半径，如果宇宙是无限的，其半径等于无穷大，那么总亮度也会等于无穷大。每个方向的亮度都趋向无穷大的话，天空当然是一片明亮。由此，奥伯斯得出结论，夜空应该如白昼一样明亮。不过，这个结论并不符合观察事实，我们看到的夜空是黑暗的，所以奥伯斯宣布这是一个需要解决的佯谬。

事实上，早于奥伯斯几百年之前，已经有人提出过这个问题。第一次提出的人是 16 世纪的英国天文学者托马斯·迪格斯（Thomas Digges）。迪格斯还给出一个现在看来错误的解释，他认为夜空黑暗的原因是因为天体互相遮挡。之后的开普勒和哈雷也思考过这个问题，但均未给出令人满意的答案。

不过，这个物理系学生仍然不想认输，耸耸肩膀对奥伯斯说："你在计算中假设恒星是均匀分布的，这点太不符合事实了，从我们所见天空的星象图看起来，星体的分布显然非常不均匀……"

奥伯斯回答道："所谓均匀是从宇宙学的尺度而言。你看，宇宙是如此的浩瀚巨大，太阳只不过是亿万个恒星中的一个，在统计意义上，大尺度来看，可以认为宇宙是均匀和各向同性的。这是宇宙学家们的假设，被称为'宇宙学原理'……"

该物理系学生终于无话可说了。的确如此，从大尺度看宇宙，就像我们从宏观角度观察一小杯牛奶一样。牛奶看起来不也是均匀和各向同性的吗？学生又记起了中学物理老师介绍过的"阿伏伽德罗常数"，那是个很大的数目（6.022×10^{23}），表示"1 摩尔"任何物质中包含的分子数。很小一杯水就有好几摩尔分子，由此可导出一杯牛奶中包含了庞大数目的分子和原子。但是，如果想象有某个只能看得见原子和分子级别的微观生物，从它的小范围角度进行观察的话，只能看见一个一个分离散开的原子和电子，是看不出这种大尺度的均匀性的。

看来这个"夜黑佯谬"的根源是来自于"宇宙无限"的模型，那就是说，如果假设宇宙是有限的，就有可能解释奥伯斯佯谬了。

令人惊奇的是，第一个用这种有限宇宙图景来解释夜黑佯谬的，不是天文学家，也不是物理学家，而是大名鼎鼎的美国诗人爱伦·坡（Allan Poe，1809—1849）。爱伦·坡 40 年短暂的一生被贫穷、痛苦、黑暗所笼罩。他两岁丧母，壮年丧妻，赌博和酗酒贯穿他的悲惨人生，最后也成为他早逝的原因。爱伦·坡以其充满黑暗和恐怖色彩的诗歌和小说作品享誉世界。说句玩笑话，也许正因为爱伦·坡来自黑暗，吟唱、书写黑暗，才最了解"夜黑"的原因。爱伦坡离世的前一年，破天荒地在教会做了一个惊世骇俗的演讲，之后整理成文，抛出一篇长达 7 万字的哲理散文诗《我发现了》，其中描述了爱伦·坡的宇宙观，解释了"夜黑佯谬"。尽管爱伦·坡的解释是从神学的观点出发，并非科学，但听起来与如今大爆炸宇宙模型似乎有异曲同工之妙。

《我发现了》中用这样一段话来解释夜空黑暗的原因："星若无穷尽，天空将明亮。仰望银河，君可见背景片片无点状？夜空暗黑，原因仅此一桩。光行万里，发于恒星之初创。抵达地球未及时，只因路遥道太长。"

根据爱伦·坡的解释，夜空没有被照亮是因为遥远恒星的光还没来得及到达地球，这个说法暗含了星体和宇宙皆为动态，并且年龄有限的假设。现代宇宙学也基本上是如此解释奥伯斯佯谬的。

现代科学对夜黑佯谬的解释中涉及了大爆炸模型，本书后面几章中将作更详细的介绍。根据这个模型，宇宙大约开始于 137 亿年之前。星体形成于大爆炸后10 亿年左右。因为光速是有限的，光传播到地球上需要时间，因此地球上的观测者只能观察到有限年龄的宇宙。宇宙在时间上的有限也限制了我们可观测到的空间距离，也就是说，在地球上无法看到 137 亿光年之外的星星。正如爱伦·坡所说的那样，因为远处的星光还没有来得及到达我们这里！所以，我们能够看到的星星数目是有限的，这就使得我们不会在任何观测角度都能看到星星，因而使得天空的背景不是那么亮，而是呈现"黑暗"一片。

也就是说，我们观察到的星空，不是完全像图 2-2-1 所描述的，无穷均匀宇宙中一个一个接连不断延续至无限远的壳层。我们仍然可以用立体观测角中的壳层来计算总亮度，见图 2-2-2。但是，和使用无限宇宙模型时有所不同，观测范围不会无限延续下去，因为图 2-2-2 中所示这些壳层所代表的是宇宙按照时间一步一步向"大爆炸"回溯，倒退的时间是有限的，最多只能退到大爆炸发生的那个奇点(137

亿年）。所有的这些"过去"壳层传播到地球的光度的总和，构成了我们现在看到的天空。

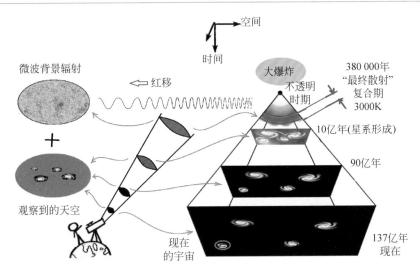

图 2-2-2　大爆炸和光谱红移

　　不过，大爆炸模型似乎又引起了另一个"佯谬"。根据大爆炸理论，极早期的宇宙对电磁波是不透明的，没有光线能够传递出来，见图 2-2-2 中大爆炸最开始的一小段。然而，大约在大爆炸后 38 万年，温度降低到 3000K 时，电子和原子核开始复合成原子，光子被大量原子反复散射。这段被称为"最终散射"的时期，远在星系形成之前（星系形成是在爆炸后 10 亿年左右）。因为星系尚未形成，宇宙是均匀而亮度极强的一团。这段时期强大的光辐射，是否会使得我们的夜空看起来显得分外明亮呢？

　　以上的问题很容易被宇宙膨胀而引起的光谱红移（请参考第七章）所解决。来自"最终散射"时期的光辐射，确实对我们的天空贡献巨大，但是由于宇宙不断膨胀的缘故，这些"古老的光波"已经红移到了微波波长的范围。它们已经不是可见光，不能照亮夜空。这些大爆炸的余晖，在 1964 年被两位美国射电天文学家用无线电设备偶然探测到，他们将其称为"微波背景辐射"。从那时候开始，微波背景辐射成为天文学家们探测宇宙演化历史的重要手段。

红移效应不仅仅使得"最终散射"时期的光波变成了微波背景辐射,也使得所有从遥远星系传播到地球的光波谱线向长波、低频端移动,这种效应加强了"暗夜"的效果。

也可以说,夜空的确明亮并不"黑暗",如果我们的眼睛能够看到微波的话。

引力佯谬

引力佯谬和夜黑佯谬类似,也是因为经典宇宙学中有关无限的理论矛盾引起的。牛顿宇宙时间空间都无限的理论使我们自然而然地得到了如下一个不可能的结果:引力在宇宙空间的每一个点上都将无限大,无限大的引力作用于任何物体,因而每一个物体都将获得无限大的加速度。这与事实相违背,称之为引力佯谬。

引力佯谬也叫本特利(Bentley)悖论[9],因为它最开始是由与牛顿同时代的一个年轻神学家本特利提出来的。当年(1692 年)的本特利刚刚 30 岁出头,年纪轻轻便成为基督教的布道者。本特利喜欢用牛顿的理论来反对无神论者,因为牛顿的体系符合基督教教义,揭示出了一个稳定、无限、和谐运转的宇宙。为此他写信向牛顿请教一个心中的疑问:如果宇宙是无限的,而重力又总是表现为吸引力,那么,所有物质最终应该被吸引到一起,无限大的引力是否将使得整个世界产生爆炸或撕裂?

本特利的信虽然措辞温和、礼貌有加,但问题本身却将了牛顿一军。在给本特利的回信中,牛顿不得不承认自己的理论在这个问题上产生了悖论,但他将答案交于上帝,牛顿在信中说:"需要一个持续不断的奇迹来防止太阳和恒星在重力作用下跑到一块儿",他又说:"行星现有运动不仅仅由于某个自然的原因,而是来自于一个全能主宰的推动。"

引力悖论揭示出将引力理论应用到整个宇宙时所产生的矛盾。可以以地球为中心来分析这个问题。因为宇宙是无限的,类似于"夜黑佯谬"的说法,在任何一个方向,都有无限多的星球在吸引着地球,总引力的合力无限大。不过,引力的情况与光照的情形不同的是,在与立体角相反的方向上,也有无限多的星球是在往反方向吸引地球。两个无限大的力相减,结果似乎不确定。

引力佯谬也常常被称为西利格尔佯谬,得名于距离牛顿 200 年之后的德国天文学家西利格尔(Seeliger,1849—1924)。西利格尔认为[10],即使两个相反对顶立体角的引力互相抵消了,有可能使得合力为零,但场中的引力势也并不会为零,而是趋向无穷大。

从数学上来说,既然宇宙从整体看来是均匀和各向同性的,那么我们可以用一个均匀各向同性的实心物质球为模型来研究引力佯谬。将万有引力定律应用于实心球模型,解泊松方程,并进行一些简单代数运算。在实心球的内部中心点,可得到引力的合力为零。但引力势并不为零,引力势与实心球的半径(即宇宙的半径$R_{宇宙}$)成正比,对无限宇宙而言,引力势便趋向无穷大,因而整个宇宙将是不稳定的,并很快坍缩。

按照当时人们的想法,维持一个静态而稳恒的宇宙很重要。因此,西利格尔曾试图修改牛顿引力公式来解决这个矛盾,可终究未能成功。广义相对论建立之后,也面临着同样的问题。这就使得爱因斯坦在 1917 年在场方程中加进了宇宙常数一项,爱因斯坦以为这样就能得到宇宙的静态解。但就在同一年,荷兰物理学家德西特证明加上了宇宙常数的场方程不仅有静态解,也有动态解。再后来弗里德曼指出爱因斯坦的静态解是不稳定的,宇宙是膨胀的。爱因斯坦一开始怀疑弗里德曼算错了,直到哈勃的观测结果证实宇宙的确在膨胀,他又感觉后悔莫及。

总之,引力佯谬也是起源于牛顿的静止、稳态、无限大的宇宙图景。大爆炸学说认为时间有起点,引力传播需要时间,从而限制了"可观测宇宙空间"的无限。

4.
热寂说佯谬

除了我们已认识到的两大宇宙学佯谬外，还有同热力学第二定律直接联系着的热力学佯谬，亦即宇宙热寂说。

热寂说最先由开尔文男爵提出。开尔文男爵原名叫威廉·汤姆森（William Thomson，1824—1907），是一位在北爱尔兰出生的英国数学物理学家和工程师。他是热力学的奠基人之一，他建立了热力学中的绝对温标，和克劳修斯分别独立地提出热力学第二定律。为了纪念他对热力学的贡献，绝对温度的单位以其命名，称为"开尔文"。在工程技术中，汤姆森解决了长距离海底电缆通信的一系列理论和技术问题，并且在1858年协助装设了第一条大西洋海底电缆。英国政府为此封他为爵士，并于1892年晋升为开尔文勋爵，开尔文这个名字才从此开始被人们所熟知。

热力学中有4个定律（分别称为第零、第一、第二、第三），其中的第二定律与系统演化的方向性有关。开尔文将热力学第二定律用于宇宙，从而推论出热寂说的假说[11]。

热力学第二定律并不神秘，叙述的是一个我们日常生活中司空见惯的事实：在一个孤立系统中，热量总是从高温物体传递到低温物体，比如图2-4-1（a）所示的小冰块放入水中后，热量从80℃的水传递到0℃的冰块，使其融化最后达到热平衡，成为一杯60℃的水。这个过程是不可逆的，意思就是说，反过来的过程绝对不会自动地发生。有谁见过放在桌子上的一杯温水，会突然自动地冻成冰块？

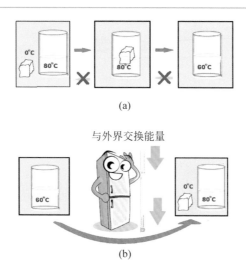

图 2-4-1　热传导是不可逆过程

（a）孤立系统；（b）非孤立系统

也可能有读者会琢磨：夏天结冰的事也并非没有啊，厨房里的冰箱不都天天产生出冰块来吗。的确是这样，但这已经不是我们物理中在叙述热力学第二定律时所强调的"孤立系统"了。如图 2-4-1（b）所示，加进一个电冰箱后的"非孤立系统"从外界得到能量来对系统做功，强迫热量"反其道而行之"，从低温物体传向高温物体，逆过程方能实现。也就是说，根据热力学第二定律，一个孤立系统将自动地走向热平衡而不会反过来。一杯热茶放在房间里会逐渐将热量散发到空气中而变冷，却从来没有人看见过一杯冷水会自动地从房间空气中吸取热量而沸腾起来。孤立系统的最终结果是系统中所有部分的温度达到均衡。

为了给予热力学第二定律更好的数学表述，物理学家们在系统中引入了"熵"的概念，这个看起来有点古怪的名词，足以令人望而生畏。所谓熵，描述的是系统"无序"的程度。何谓无序？何谓有序？用例子来说明。欢度节日的人们拥挤在广场上观看焰火，人头攒动，争先恐后，可算是一种"无序"；国庆节的阅兵典礼，士兵们踏着整齐的步伐走过天安门，左看右看都整齐，那是"有序"。雪花结成各种六角形图案,比随意聚在一起的水分子更为"有序"。

如果将宇宙也当作一个"孤立"系统,会有什么结果呢? 宇宙的熵会随着时间的流逝而增加,由有序走向无序,当宇宙的熵达到最大值时,宇宙中的其他有效能量已经全数转化为热能,所有物质达到热平衡,这种状态称为热寂。这样的宇宙中再也没有任何可以维持运动或是生命的能量存在,最终结果是没有变化、死寂一片。但是,宇宙热寂的错误结论是因为错误地将宇宙当成了一个"封闭孤立系统",这就是宇宙学的热力学佯谬。

系统的"熵"可以描述系统无序的程度。因此,系统越是无序,熵的数值便越大。在图 2-4-2(a)中,画出了 3 个简单系统从有序到无序的过渡。在这 3 种情形下,都是左边的状态比右边的状态更为"有序",因此,左边状态具有的"熵"值更小。孤立系统总是从有序到无序,系统的熵只增不减,因此热力学第二定律也被称为熵增加定律。

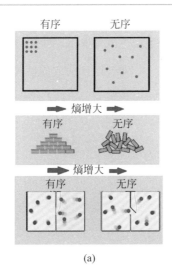

(a)

图 2-4-2 孤立系统和非孤立系统的熵

(a) 孤立系统的熵总是增加;

(b) 地球上生命演化过程和宇宙中恒星演化过程却是从无序到有序

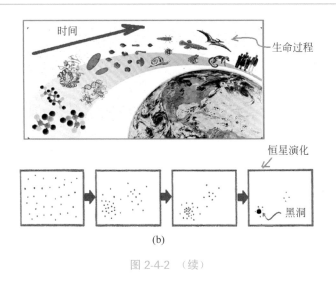

(b)

图 2-4-2 （续）

但熵增加定律不能随便用于无限的宇宙，不能将宇宙作为一个孤立系统来处理。对非孤立系统而言，系统的状态并非总是从有序到无序。图 2-4-2(b)中所举的地球上生命的进化过程以及宇宙中恒星演化，最后引力坍缩到白矮星、中子星或黑洞的过程，都是与热力学第二定律所预言的方向相反：从无序到有序的过程。宇宙的未来如何？是否仍然有走向热寂的可能性？这也是现代宇宙学的研究课题之一。

第三章

有关无限的数学悖论

牛顿宇宙学中的三个经典佯谬都和宇宙"无限"的概念联系起来。实际上，"无限"包括无限大和无限小，都是数学家和逻辑学家喜欢玩的游戏，并不一定对应任何实际生活中的物理实在。不过，因为理论物理与数学的关系太密切，"无穷"这个"鬼"，已经随着数学大摇大摆地进入到物理学的地盘，使得物理学家们不得不重视和研究它。据说著名数学家希尔伯特曾经说过一句警句式的名言："尽管数学需要无穷大，但它在实际的物理宇宙中却没有立足之地。"那么，数学家们是如何理解"无穷"的？下面几节中将从介绍几个数学和逻辑中与"无穷"有关的典型佯谬开始。本章只有有趣的数学思想，并无公式，不感兴趣的读者可以直接阅读第四章。

悖论、佯谬知多少

　　佯谬和悖论在英语中是同一个词：paradox，而在中文中这两个词的意思稍有不同，笔者喜欢中文中这两个词的微妙区别，用它表明物理佯谬与数学悖论之不同恰到好处，尽管许多时候这两个词被人们交叉使用。

　　中文中的"悖论"，一般指因为数学定义不完善，或逻辑推理的漏洞而导出了互为矛盾的结果。比如著名的"理发师悖论"。传说有一个理发师，将他的顾客集合定义为城中所有"不给自己理发之人"。但某一天，当他想给自己理发时却发现他的"顾客"定义是自相矛盾的。因为如果他不给自己理发，他自己就属于"顾客"，就应该给自己理发；但如果他给自己理发，他自己就不属于"顾客"了，但他给自己理了发，又是顾客，到底自己算不算顾客？该不该给自己理发？这逻辑似乎怎么也理不清楚，由此而构成了"悖论"。

　　理发师悖论实际上等同于罗素悖论。英国哲学家及数学家伯特兰·阿瑟·威廉·罗素（Bertrand William Russell，1872—1970）提出的这个悖论当时在数学界引起轩然大波，或者称之为引发了第三次数学危机，因为那时的数学家们正在庆幸G. 康托（G. Cantor，1845—1918）的"集合论"解决了数学的基础问题，没想到这个基础之基础自身却裂了一条大口。

　　数学的三次危机都可以说是与悖论联系在一起的。第一次数学危机可追溯到古希腊时代的希帕索斯悖论，起因于研究某些三角形边长比例时发现的无理数，泄露这个"怪数"的学者希帕索斯（Hippasus，大约公元前 500 年）被他的同门弟子扔进大海处死。第二次危机则与芝诺悖论及贝克莱悖论有关，基于对无穷小量本质的研究，它的解决为牛顿、莱布尼茨创建的微积分学奠定了基础。毕达哥拉斯学派在淹死了希帕索斯之后，对错误有所认识，被迫承认了无理数，并提出了"单子"，它有点类似"极小量"的概念。不过，这个做法却遭到了诡辩数学家芝诺的嘲笑，他抛出一个快跑运动员阿格里斯永远也追不上乌龟的"芝诺悖论"，令历代数学家们反复纠结不已。牛顿发明微积分之后，虽然在实用上颇具优势，但理论基础尚未完善，贝克莱等人便用悖论来质疑牛顿的无穷小量，将其称之为微积分中的"鬼魂"。

因为前两次数学危机的解决，建立了实数理论和极限理论，最后又因为有了康托的集合论，数学家们兴奋激动，认为数学第一次有了"基础牢靠"的理论。

然而，当初康托的集合论对"集合"的定义太原始了，以为把任何一堆什么东西放在一起，只要它们具有某种简单定义的相同性质，再加以数学抽象后，就可以叫做"集合"了。可没有想到如此"朴素"的想法也会导致许多悖论，罗素悖论是其一。因此，这些悖论解决之后，人们便将康托原来的理论称为"朴素集合论"。

实际上，集合可以分为在逻辑上不相同的两大类，一类（A）可以包括集合自身，另一类（B）不能包括自身。可以包括自身的，比如说，图书馆的集合仍然是图书馆；不能包括自身的，比如说，全体自然数构成的集合并不是一个自然数。

显然一个集合不是 A 类就应该是 B 类，似乎没有第三种可能。但是，罗素问：由所有 B 类集合组成的集合 X，是 A 类还是 B 类？如果你说 X 是 A 类，则 X 应该包括其自身，但是 X 是由 B 类组成，不应该包括其自身。如果你说 X 是 B 类，则 X 不包括其自身，但按照 X 的定义，X 包括了所有的 B 类集合，当然也包括了其自身。总之，无论把 X 分为哪一类都是自相矛盾的，这就是罗素悖论（Russell paradox），即理发师悖论的学术版。

还有一个与朴素集合论有关的悖论，叫作"说谎者悖论"（Liar paradox），由它引申出来许多版本的小故事。它的典型语言表达为："我说的话都是假话"。为什么说它是悖论？因为如果你判定这句话是真话，便否定了话中的结论，自相矛盾；如果你判定这句话是假话，那么引号中的结论又变成了一句真话，仍然产生矛盾。

上述这两个悖论导致了一种"左也不是，右也不是"的尴尬局面。说谎者悖论中的那句话，无论说它是真还是假，都有矛盾；而罗素悖论中的集合 X，包含自己或不包含自己，也都有矛盾。朴素集合论产生的另一个有趣悖论"Curry's paradox"，与上述两个悖论有点不一样，它导致的荒谬结论是"左也正确，右也正确"，永远正确！

我们也可以用自然语言来表述"Curry's paradox"。比如，我说："如果这句话是真的，则马云是外星人。"根据数学逻辑，似乎可以证明这句话永远都是真的，为什么呢？因为这是一个条件语句，条件语句的形式为"如果 A，则 B"，其中包括了两部分：条件 A 和结论 B。这个例子中，A＝这句话是真的，B＝马云是外星人。

如何证明一个条件语句成立？如果条件 A 满足时，能够导出结论 B，这个条件语句即为"真"。那么现在，将上述的方法用于上面的那一句话，假设条件"这句话是真的"被满足，"这句话"指的是引号中的整个叙述"如果 A，则 B"，也就是说，A 被满足意味着"如果 A，则 B"被满足，亦即 B 成立。也就得到了 B"马云是外星人"的结论。所以，上面的说法证明了此条件语句成立。

但是，我们知道事实上马云并不是外星人，所以构成了悖论。此悖论的有趣之处并不在于马云是不是外星人，而是在于我们可以用任何荒谬结论来替代 B。那也就是说，通过这个悖论可以证明任何荒谬的结论都是"正确"的。如此看来，这个悖论实在太"悖"了！

以上三个悖论都牵涉到"自我"指涉（self-reference）的问题。理发师不知道该不该给"自己"理发？说谎者声称的是"我"说的话。"Curry's paradox"产生悖论的关键是"这句话"的语义表达中包括了条件和结论两者。看起来，将自身包括在"集合"中不是好事，可能会产生出许多意想不到的问题，那么，如果将自身排除在集合之外，悖论不就解决了吗？也许问题并非那么简单，但总而言之，这些悖论提醒数学家们重新考察集合的定义，为它制定了一些"公理"作为条条框框，从而使得康托的朴素集合论走向了现代的"公理集合论"。

上面只是数学中的几个简单悖论，数学中的悖论只和理论自身的逻辑有关，修改理论便可解决。物理中的佯谬除了与理论自身的逻辑体系有关之外，还要符合实验事实。打个比方，数学理论的高楼大厦自成一体，建立在自己设定的基础结构之上。物理学中则有"实验"和"理论"两座高楼同时建造，彼此相通相连、不断更新。理论大厦不仅仅要满足自身的逻辑自洽，还要和旁边的实验大楼统一考虑，每一层都得建造在自身的下一层以及多层实验楼的基础之上。因此，在物理学发展的过程中，既有物理佯谬，也有数学悖论，可能还有一些未理清楚难以归类的混合物产生出来，也许这可算是英语中使用同一个单词表达两者的优越性。

前面提到过，数学史上的三次危机以及导致危机的悖论的根源，都与连续和无限有关，都是由于无限进入到人的思维领域中而导致思考方法不同而产生的。第一次是从整数、分数扩展到实数，虽然整数和分数在数目上也有无限多，但本质上仍然有别于（小数点后数字）无限不循环的无理数。第二次危机中的微积分革命导致对"无限小"本质的探讨，推导总结发展了极限理论。第三次危机涉及的"集合"，显然需要更深究"无限"的概念。

看来，的确如数学家外尔所说："数学是无限的科学"。实际上"无限"的概念对物理学和其他科学也至关重要，宇宙有限还是无限？物质是否可以"无限"地分下去？存在"终极理论"吗？人类思维有极限吗？我们（细胞数目）有限的大脑，能真正想通"无限"这个问题吗？就像小狗永远也学不会微积分那样，有些东西对我们人类的大脑来说，是不是也可能是永远无法认知的？

科学研究就是提出和解决悖论、佯谬的过程。正如数学史上悖论引发的三次危机，既是危机又是契机，有力地推动了数学的发展，促进了人类的进步。

芝诺带你走向无穷小

无穷小极限思想的萌芽阶段可以上溯到 2000 多年前。希腊哲学家芝诺(Zeno，约公元前 490—430)曾经提出一个著名的阿基里斯悖论，就是古希腊极限萌芽意识的典型体现。而与之对应的是我国古代哲学家庄子亦有类似的见解(图 3-2-1)。

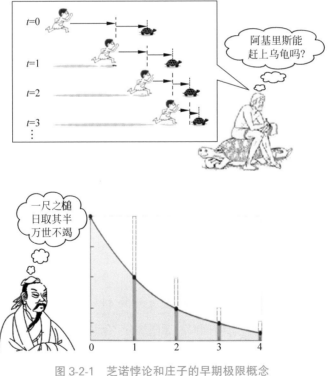

图 3-2-1　芝诺悖论和庄子的早期极限概念

阿基里斯是古希腊神话中善跑的英雄人物,参与了特洛伊战争,被称为"希腊第一勇士"。假设他跑步的速度为乌龟的 10 倍。比如说,阿基里斯每秒钟跑 10m,乌龟每秒钟跑 1m。出发时,乌龟在他前面 100m 处。按照我们每个人都具备的常识,阿基里斯很快就能追上并超过乌龟。我们可以简单地计算一下 20s 之后他和它在哪里? 20s 之后,阿基里斯跑到了离他出发点 200m 的地方,而乌龟只在离它自己出发点 20m 处,也就是离阿基里斯最初出发点 120m 之处而已,阿基里斯显然早就超过了它!

但是,从古至今的哲学家们都喜欢狡辩,芝诺说:"不对,阿基里斯永远都赶不上乌龟!"为什么呢? 芝诺说,你看,开始的时候,乌龟超前阿基里斯 100m;当阿基里斯跑了 100m 到了乌龟开始的位置时,乌龟已经向前爬了 10m,这时候,乌龟超前阿基里斯 10m;然后,我们就可以一直这样说下去:当阿基里斯又跑了 10m 后乌龟超前 1m;下一时刻,乌龟超前 0.1m;再下一刻,乌龟超前 0.01m、0.001m、0.0001m…不管这个数值变得多么小,乌龟永远超前阿基里斯。所以,阿基里斯不可能追上乌龟!

正如柏拉图所言,芝诺编出这样的悖论,或许是兴之所至而开的小玩笑。芝诺当然知道阿基里斯能够捉住乌龟,但他的狡辩听起来也似乎颇有道理,怎样才能反驳芝诺的悖论呢?

再仔细分析一下这个问题。将阿基里斯开始的位置设为零点,那时乌龟在阿基里斯前面 100m,位置＝100m。我们可以计算一下在比赛开始 100/9s 之后阿基里斯及乌龟两者的位置。阿基里斯跑了 1000/9m,乌龟跑了 100/9m,加上原来的 100m,乌龟所在的位置＝100/9m＋100m＝1000/9m,与阿基里斯在同一个位置,说明这时候(100/9s)阿基里斯追上了乌龟。不过是 11s 加 1/9s 而已。但是,按照悖论的逻辑,将这 11s 加 1/9s 的时间间隔无限细分,给我们一种好像这段时间永远也过不完的印象。就好比说,你有 1h 的时间,过了一半,还有 1/2h;又过了一半,还有 1/4h;又过了一半,你还有 1/8h;1/16h、1/32h…一直下去,好像这后面半小时永远也过不完了。这当然与实际情况不符。事实上,无论你将这后半小时分成多少份,无限地分下去,时间总是均匀地流逝,与前半小时的流逝过程没有什么区别。因此,阿基里斯一定追得上乌龟,芝诺悖论不成立。

不过,从纯数学的角度来看,芝诺悖论本身的逻辑并没有错,因为任何两点之间都有无数个点,都可以分成无限多个小段。阿基里斯追乌龟是一个极限问题,即使从现代数学的观点,对于潜无限而言,极限是个无限的、不可完成的动态进行过程。因而,仍然有人认为,仅从逻辑的角度,这个悖论始终没有完全解决,阿基里斯永远追不上乌龟。

继芝诺之后,阿基米德对此悖论进行了颇为详细的研究。他把每次追赶的路程相加起来计算阿基里斯和乌龟到底跑了多远,将这问题归结为无穷级数求和的问题,证明了尽管路程可以无限分割,但整个追赶过程是在一个有限的长度中。当然,对我们而言,这个无穷等比级数求和已经不是个问题,高中数学中就有答案。但对 2000 多年前的阿基米德来说,还是极富挑战性的。

3.

希尔伯特旅馆悖论

牛顿的无限而又静止、信息以无限大速度传播的宇宙引出不少佯谬，比如之前所介绍的夜黑佯谬和引力佯谬。

当这些有关宇宙是否无穷的问题令物理学家们头疼的年代，数学家们却正在欣赏"无穷"的美妙。古代与中世纪哲学著作中记载过关于无限的思想。公元前1000年左右的印度梵文书中说："如果你从无限中移走或添加一部分，剩下的还是无限。"不久前才发现并解读的古希腊羊皮书中的记载表明，古希腊的阿基米德就已经进行了有关无穷大的计算。

康托于1874年在他有关集合论的第一篇论文中提出的"无穷集合"概念，引起数学界的极大关注，震撼了学术界。康托还导出了关于数的本质的新思想模式，建立了处理数学中的"无限"的基本技巧。因此希尔伯特说："没有人能够把我们从康托尔建立的乐园中赶出去。"

为了更好地解释无限集合与有限集合的区别，希尔伯特在他于1924年1月进行的一次演讲中，举了一个有趣的具有无穷多个房间的"希尔伯特旅馆"的例子，下面是根据希尔伯特的说法编出来的故事。

鲍勃是芝加哥大学的学生，圣诞节快到了，他从芝加哥开车回家到波士顿。原来计划一天开到的，傍晚8点左右，鲍勃感觉太累了，还得开4h左右才能到达呢。于是，鲍勃来到纽约州一个小镇，决定找个旅馆住一晚再说。不过不知道为什么，今天这个小镇上好像特别热闹，镇上大大小小的旅馆都给住满了。鲍勃正要发动汽车上高速公路去下一个地点找住处，却被一条醒目的广告吸引住了："已经客满,但永远接受新客人,因为我们是希尔伯特无限旅馆!"鲍勃看不懂这句话是什么意思,但既然这个旅馆还可以接受新客人,就去试试吧。旅馆经理很高兴地为鲍勃办理了入住手续,将他安排在 1 号房间。鲍勃很好奇地问经理:"不是客满了吗?为什么 1 号又是空的呢?"于是,经理兴致勃勃地向鲍勃解释他的这个"希尔伯特无限旅馆"。

希尔伯特旅馆与别的旅馆不同的地方是:它的房间数目是无限多。其他的旅馆如果客满了,那就再也不能接受新客人了。可房间数目无限多的旅馆不一样,"客满"不等于"不能接受新客人"!鲍勃瞪大眼睛,似懂非懂。

经理采取的办法是,将原来 1 号房间的客人移到 2 号房间,2 号房间的客人移到 3 号房间,3 号房间的客人移到 4 号房间,让他们一直移下去……就像图 3-3-1(a)所表示的那样。

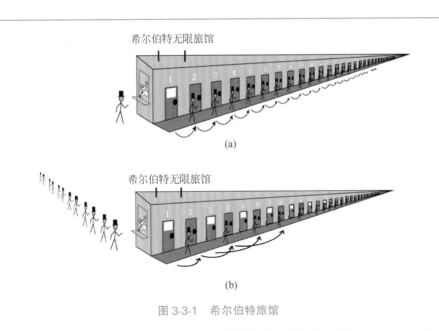

图 3-3-1　希尔伯特旅馆

"这样,你不就可以住进 1 号房间了吗。"经理笑嘻嘻地说。

鲍勃对此产生了兴趣,思考了几分钟,他好像突然若有所悟:"你的办法的确有趣……不过，既然如此，何必兴师动众地移来移去多此一举呢，把我安排到最后那个房间不就好了吗？"

经理笑了："看来你还没有真明白啊！你能说出最后那个房间是多少号吗？这就是无限大与一般有限数目的区别啊。"

鲍勃似乎明白了，对无限多的房间，最后那个房间哪有号码呢？如果有的话不就是有限了吗？

经理又继续向鲍勃介绍他的无限旅馆，说这种旅馆不仅仅可以继续接受像鲍勃这样一个一个来报到的新客人，即使是一次来了"无限多"个（可数）的客人，他也有办法让他们住进来，就像图 3-3-1(b)所画的那样。对无限多个新客人，经理将原来 1 号房间的客人移到 2 号房间，2 号房间的客人移到 4 号房间，3 号房间的客人移到 6 号房间，也就是说，将原来第 n 号房间的客人移到第 $2n$ 号房间去……这样移动的结果将会空出所有的奇数号码的房间，也就是无限多个房间，这样便能住下无限多新来的客人了。

"还可以继续下去，即使是同时来了无限多辆汽车，每辆都载了无限多个客人，我也有办法解决他们的住房问题，我让……"经理又滔滔不绝地说了一大堆。

这时，经理的电话铃响了，原来是他的老板提醒他，说他刚才对顾客的最后一段解释不够严谨。"无穷多"辆车，每辆车还有"无穷多"个人的情况不是那么好办的，要加上一些条件：这些人要是可数的，预先按座位进行编号。于是，经理眨眨眼睛，继续向鲍勃解释："这无穷大的学问很大，无限大可以进行分类，是用'势'来比较大小，给你解释一天也解释不完啊！"

鲍勃彻底服了，心想这个旅馆的经理和老板原来都是数学家啊。想到数学，鲍勃才记起历史上有个名字叫做希尔伯特的大数学家，好像有个什么旅馆悖论以他命名。

鲍勃说："这是不是叫做希尔伯特悖论啊？"

经理说："是有这么个说法，但这并不是什么悖论，数学逻辑上并无矛盾之处。只是充分说明了无限集合的性质与有限集合的性质完全不相同。"

鲍勃想起了著名的芝诺悖论,认为数学家都喜欢狡辩。不过鲍勃也喜欢狡辩,他对经理说:"你这个'无限',不过是个数学上的概念,它与事实是不符合的。你看,你这个旅馆占地面积有限,怎么可能容纳下无限多个房间呢?就算不是逻辑上的悖论,也可算是一个与实际情况不相符合的'佯谬'吧。"

经理哈哈大笑:"你又错了吧,占地面积虽然有限,往空中可是能无限发展啊……不管怎么样,赶快去你的 1 号房间休息吧。"

鲍勃在学校修了一门很难的物理课,老师讲到"狄拉克海"。鲍勃记起那位教授当时对真空狄拉克海的描述和这里的无限旅馆永远能接受新客人的概念有某些类似的地方。鲍勃好像有所感悟,"无限大"集合加上一些元素,还是"无限大"集合。"狄拉克海"就是这么一个无限大的电子海洋,加上几个电子,减少几个电子,丝毫不影响这个无限大真空的性质。

鲍勃躺到床上,迷迷糊糊进入梦乡,脑袋中还在转悠着"有限""无限"……"有限能容纳无限吗?"鲍勃梦中被另一个悖论纠缠,它就是托里拆利小号悖论。

托里拆利小号如图 3-3-2 所示的形状。它是由 $y=1/x$ 的曲线绕 y 轴旋转而成的。用微积分很容易计算它的总体积和总表面积。总体积收敛到一个有限数 π,但总表面积却发散,趋向无穷大。

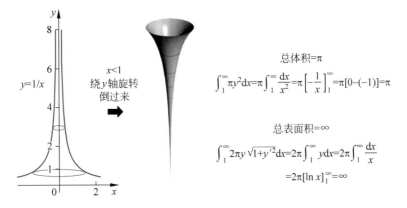

图 3-3-2　托里拆利小号

　　某小号手请了一位油漆工来油漆他的托里拆利小号的内表面。有趣的是两人都喜欢数学，都对数学有一定的研究。油漆工很狡猾，要价颇高，理由是这种小号的表面积是无穷大，理论上需要消耗无穷多的油漆才能漆好它。小号手则辩解道："怎么可能需要无穷多的油漆呢？你看，整个小号的体积是有限的，小号像一个杯子一样，用等于小号体积那么多的油漆将小号装满，就能将所有内表面都油漆到了。所以，最多也就只是用体积这么多的油漆就足够了。"

　　读者您认为小号手和油漆工谁更有理呢？

　　也许希尔伯特的名言不无道理，数学上才需要无穷大，实际发生的物理现象中难有无穷。

无限的概念与哲学思想密切相关。中国古代有位哲学大师庄子(公元前369—前286年),或称庄周,就非常善于观察周围世界中的科学现象,并提出一系列有意义的问题。庄子给"宇宙"一词的定义:"有实而无乎处者,宇也;有长而无本剽者,宙也。"可翻译为:"有实体但不静止于某处,叫做宇;有外延但无法度量,叫做宙。"显然给出了一副无限而动态的宇宙图景。

庄子不仅是著名哲学家和思想家,也是文学家。庄周善于用短小精悍又文字优美的寓言故事来表达深刻的哲理。诸如庄周梦蝶、混沌开窍、庖丁解牛、惠施相梁、螳螂捕蝉等都是出色的例子,其中庄周梦蝶的故事(图3-4-1(a))与我们本节要介绍的悖论有关。

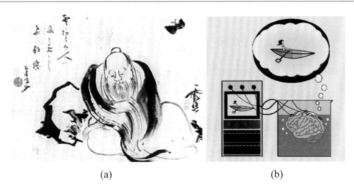

(a)　　　　　　　　　　(b)

图 3-4-1　大脑的感觉真实吗
(a) 庄周梦蝶;(b) 缸中之脑

有一天庄子做梦，梦见自己变成了一只翩翩起舞、快乐无比的蝴蝶，梦醒之后他发现自己仍然是僵卧在床的庄子。于是庄子提出一个发人深省的疑问：我到底是蝴蝶还是庄周呢？也许我本为蝴蝶，在梦中变成了庄周。但也可能我本为庄周，在梦中变成了蝴蝶。这两种情形哪一个是真实的？继而扩展到思考生与死、物和我的微妙界限，我们真的能够区分它们吗？

仅寥寥数言，庄子的描述惟妙惟肖、妙趣横生，因而常被文学家、哲学家们引用。后人对这个短短的故事有各种不同的诠释，甚至在现代科学中也有一个绝妙的类比。

距离庄周的时代过去 2000 多年之后，1981 年，美国哲学家希拉里·普特南（Hilary Putnam，1926—2016）写了一本书：《理性，真理和历史》，书中叙述了一个被称为"缸中之脑"的思想实验，与"庄周梦蝶"有异曲同工之妙，实验的大意如下：

从现代科学的角度，人所感知的一切都将经过神经系统传递到大脑。那么，有疯狂科学家便作如此设想：如果将一个人大脑皮质中接收到的所有信号，通过计算机和电子线路传送到另一个大脑，情形将会如何呢？这第二个大脑是放在一个装有营养液的缸中的，见图 3-4-1(b)。

让我们将这个思想实验叙述得更为具体一些。白天，一个人进行各种活动：划船、游泳、爬山、跑步、看电视、听音乐……假设科学家将这十几小时大脑神经末梢接收到（及传出去）的信号全部记录下来并储存到计算机里。当然，实际上这是一个相当复杂的过程，大脑并非只是被动地接收信号，它还需要对不同的信号进行分析处理并发出反馈信息。但无论如何，这一切都是通过大脑自身以及神经末梢的输出输入来实现的。当然就目前而言，这只是一个"思想实验"。夜晚到了，科学家将此人的大脑从头颅中取出，放入实验室的缸中。缸里装有营养液以维持大脑的生理活性。同时，科学家将原来储存的白天活动的全部信息通过人造的神经末梢传递到缸中的大脑。大脑反馈发出指令，计算机按照储存的程序给予回应。如此反复循环以致实现完成白天十几小时内大脑所经历的整个活动过程。

这颗"缸中之脑"，虽然已经和原来的身体完全没有关系了，但是它却自以为有一个"形体",它在进行跑步、游泳、划船等各种运动,感觉与白天一样。

我们进一步想象,这个过程可以每天夜以继日、日以继夜地重复下去。也就是说,让这颗"大脑",白天活在人的头颅中,晚上"活"在实验室的缸中。

现在,疯子科学家提出一个和几千年前庄子提出的类似的问题:因为"颅中之脑"和"缸中之脑"的体验是一模一样的,所以该大脑无法分清楚它是在缸中还是在颅中。从我们传统"实验者"的角度来看,颅中之脑认识的世界是"真实"的,缸中之脑认识的世界是虚幻的、模拟的、计算机制造出来的。然而,如果你从"大脑"的角度来思考的话:"两种情形既然一模一样,我怎么知道何时是现实,何时为虚拟呢?"

人类认识世界也是靠着我们头颅中的这颗"大脑",所以上面的问题也可以这么问:我们大脑认识的世界是真实的吗? 该不会是某个"疯子、恶魔"操纵的恶作剧吧?

或许这个问题根本没有什么意义,既然无法判断我们的大脑是"颅中之脑"还是"缸中之脑",即使有某个恶魔正在操纵着我们,那又何妨呢? 我们照常快快乐乐地活着,早观沧海日出,晚看人间焰火,生活得开开心心,就让魔鬼尽情"操纵"好了。只要虚幻一直持续,它和真实就没有什么区别!

何为虚幻,何为真实? 不由得使人联想到量子力学的哥本哈根诠释。物理学家约翰·惠勒可算是哥本哈根学派的最后一位大师,他有一句名言:"任何一种基本量子现象只有在其被记录之后才是一种现象。"笔者当初乍一听此话觉得怪怪的,但越仔细推敲越觉得有道理。所有我们认为是客观存在的物体,山、水、太阳、月亮、房屋、树木,都不过是来自于大脑的意识。经典理论中,我们将人类所有正常大脑能得到的共同认识,总结抽象为"客观实体"。比如说,我们认为月亮是独立于意识而客观存在的,只不过是因为每个正常人(生物)都能看到它,航天员甚至还曾经站在它的表面挥动国旗。但是,务必提醒大家注意:这一切仍然难以"证明"月亮独立于意识而存在,因为"实际"仍然来自于意识,正如缸中之脑不能证明它体会到的"外部世界"的真实存在性一样。

但无论如何,尽管无法证明,人类仍然可以将这些日常生活中能得到的"共同"体验称之为"客观存在"。因为它们是每个人(包括动物)的感官都能感觉到的东西。不过，人类总是会犯一个同样的错误：常常希望把自己在常识范围内总结的东西加以推广，推广到与他们的日常经验相违背、难以理解的领域，比如说极小的微观世界和极大的宇宙范围。人们往往会错误地以为被他们称为"客观存在"的东西在那些领域也"真的"客观存在，并且存在的形式也都"应该"是他们见过的模样。

但实际上，到了极其微小的量子世界，大多数人的感觉器官无法"感觉到"那些量子现象了，只有少数从事量子研究的物理学家们，从实验和理论中（最终也是来源于意识的）得出了一些与我们日常生活经验相悖的规律。但人们却仍然希望用他们的日常经验来"理解"和"诠释"这些现象，建立符合他们所能感受到的经验的理论。然而，对尺度完全不同的量子世界，这个要求难以实现，对极大的宇宙范围的研究也会有类似的问题。

我们人类是否永远不能越过自身的认知条件而最终无法妄言理解了"客观世界"？即使存在一个"客观世界"，这个客观世界的样貌在不同的尺度中也将有不同的可能性。

"大脑"分不清自己是在缸中还是在颅中。看看下面图 3-4-2 这幅埃舍尔的画中的青年，他也分不清自己是在"画廊里"，还是在自己正在欣赏的"图画中"。

1—看画的青年Bob
2—画上水城
3—窗口的贵妇人
4—贵妇人的楼下
5—楼下的画廊
6—画廊挂了两排画
7—画廊中站着一个人
8—正在看上排左边的画
9—这人就是Bob

Bob正在画廊里
自己观看的画中

图 3-4-2　埃舍尔的"画廊"

这是又一个有关"无限"的思想实验。有人说,如果让一只猴子在打字机上随机地按键,当按键时间达到无穷时,几乎必然能够打出任何给定的文字,比如莎士比亚的著作。

图 3-5-1　无限猴子定理

这里的"猴子"并不是一只真正意义上的猴子,指的是一个可以产生无限随机字母序列的抽象设备。然而,现实中的猴子打出一篇像样文章的概率是零,因为你会发现猴子完全不能等同于一个随机数字发生器。真正的猴子敲打键盘时的习惯是接连按同一个键:"S、S、S…",一直重复下去。最终打出的是一连串全是"S"的纸。

第四章

学点相对论

爱因斯坦的宇宙学与牛顿的宇宙学有什么根本区别呢？要深入地明白其不同之处，必须学点简单的相对论。

爱因斯坦对物理学最重要的贡献：一是对于量子力学起了开创作用的对"光电效应"的解释；二是两个相对论。前者使爱因斯坦赢得了极大的荣誉，并获得 1921 年的诺贝尔物理学奖。然而，最使爱因斯坦引为自豪的，却是他创建的两个相对论。

狭义相对论

相对论和牛顿理论的本质区别,在于对"时空"概念的理解。时间是什么?空间是什么?这听起来像是高深的哲学问题,但实际上,物理定律必须建立在与其相关的概念的基础上。对这两个根本问题,很难给出所谓正确的答案,但深刻认识相对论时空与牛顿经典时空的差异,方能正确理解两种宇宙观的差异。

大家都知道,当我们在讨论物体的运动时,必须指明是对于哪一个参照系的运动。你坐在飞机上,相对于地面在运动。而相对于飞机上的座椅,你是静止的。狭义相对论和牛顿理论都使用参照系,区别在于,牛顿理论隐含了宇宙中有一个"绝对"参照系的假设,相对论的思想则是认为所有的参照系都应该等同。当你坐在一个平稳行驶的船舱中,你体验到的物理规律与你在静止的地面上体会到的物理规律没有任何区别,也就是古人说的"舟行人不觉",这叫做相对性原理。

牛顿的经典理论是建立在绝对时空的基础上。经典力学中的所谓"空间",就像是一个无限延展的有固定坐标的空架子;所谓时间,就是"摆放在"宇宙中某处、永远均匀摆动的一个"钟"。宇宙中所有的物质都"放"在这个绝对的大框架中,互相作用和运动,它们的运动规律用这个绝对空间的坐标和表示绝对时间的钟来描述。

从现代物理的观点来看,牛顿理论中的绝对时空假设显然是不合理的。哪一个坐标系将具有"绝对时空"的资格呢?将地球或太阳作为绝对参考系的地心说或日心说,只能蒙蔽眼光有限的古人。现代科技让我们越看越多、越看越远。纵观寰宇,地球、太阳系,甚至于银河系、本星系群,都只能算是宇宙中一个极小的角落,其地位毫无特殊性可言,显然也不存在某个地位特殊的"绝对时空"。

爱因斯坦的理论否定了绝对时空的存在,故称之为"相对论"。狭义相对论将时间和空间的概念,统一于一个四维的数学时空框架中,时间和空间不再是绝对而单独的存在,而是被一个洛伦兹变换互相联系在一起的整体。

狭义相对论建立在两条基本原理的基础上:相对性原理和光速不变原理。需要相对性原理的理由就是不承认牛顿的绝对时空,以及与其相联系的静止以太的观念。当初麦克斯韦和法拉第建立了经典的电磁理论,认为光也是一种电磁波,都通过"以太"这种媒介传播。但这个理论无法解释有关以太的种种问题:以太到底是什么样的物质?它相对于哪一个坐标系而静止?为什么迈克耳孙-莫雷实验测量不到以太风?

爱因斯坦摒弃了以太的概念,重新考察时间和空间的本质,天才地解决了这个问题。相对论认为时间和空间是与物质运动息息相关的,比如,说到时间,不存在脱离物质的绝对标准时间,只有某一个具体的"原子钟"所指定的时间。因此,爱因斯坦坚持相对性原理,认为所有相互作匀速直线运动的惯性参考系都是等价的。既然是等价的,没有哪一个参考系具有特殊地位。那么,麦克斯韦理论就应该在所有的惯性参考系中都具有同样的形式,光(或电磁波)在真空中以有限的速度 c 传播,这是麦克斯韦理论得出的结论。这个速度 c 从所有的参考系中测量都应该是一样的,这便是所谓"光速不变原理",见图 4-1-1(a)。

图 4-1-1 中运动的火车相对于站台的速度是 55m/s,火车上有一个小偷,在火车上的警察 A 和站台上的警察 B 同时对这个小偷开枪,首先考虑不是激光枪而是普通子弹枪的情形(图 4-1-1(a)的上图)。假设子弹相对于枪膛的射出速度是 100m/s。根据牛顿力学,计算只涉及简单的伽利略变换,警察 A 与小偷之间相对静止,警察 A 射出的子弹射中小偷时的速度为 100m/s。而警察 B 射出的子弹射中小偷时的速度为(100-55)m/s,即 45m/s。如果使用狭义相对论进行计算,公式便不是如上面的计算那么简单,需要使用将空间和时间联系在一起的图中所示的洛伦兹变换来得到准确的速度。不过,当火车的速度 v 比较起光速 c 而言很小的时候,

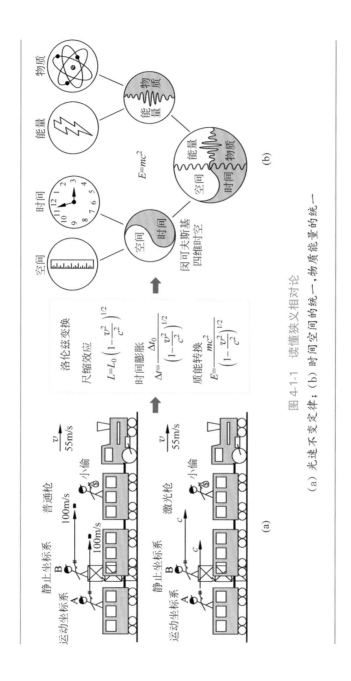

图 4-1-1 读懂狭义相对论

(a) 光速不变定律;(b) 时间空间的统一,物质能量的统一

用狭义相对论计算公式得出的结果与使用牛顿力学计算的结果只有很小的差别。光速 c 等于 299 792 458m/s，比例子中的火车速度 55m/s 大很多，因此在上例中用牛顿力学计算就足够了。但是，当我们计算天体之运动，或者与发射人造卫星、太空船等有关的情况时，便往往会碰到运动速度与光速可比较的情形，那就得考虑狭义相对论，方能得出正确的结果。

图 4-1-1(a)的下图，则是设想两个警察 A 和 B 使用的是"激光枪"的情形，由此可以看出光速不变原理在相对论理论中的作用。这种情况下，从枪中发射的不是普通子弹而是激光束。那么，根据光速不变原理，在小偷看来，两束激光都是以同样的光速运动，打中他的时候的速度都是 c，与光源所在的惯性参考系之运动速度 v 无关，因而称之"光速不变"。

从相对性原理和光速不变原理建立的狭义相对论，不仅将时间和空间统一起来，从时空的洛伦兹变换还导出许多与牛顿理论完全不同的，看起来匪夷所思的结果。图 4-1-1 中间框图中，显示出了部分有趣的结论。比如说，"尺缩效应"指的是运动的尺子相对于静止的尺子而言，长度会变短；"钟慢效应"指的是运动的钟相对于静止的钟，时间变慢，著名的"双生子佯谬"与这个现象紧密相关；质能关系是质量为 m、速度为 v 的物体的能量的相对论表达式。显而易见，"尺缩效应"和"钟慢效应"表明空间时间都是相对的，否认了存在牛顿的绝对时空。不过，大家不用担心，我们平时使用的"尺"和"钟"仍然有意义，不会因为你坐在飞机上就改变了，因为飞机速度远远小于光速，相对论效应完全可以忽略不计。

从质能转换关系还可以得到一个有关光速的重要结论。当物体的速度 v 接近光速的时候，质能关系中的分母变得很小，使得能量 E 的数值变得很大，这意味着，将一个静止质量 m 不等于零的物体加速到接近光速需要的能量会越来越大，因而在现实上是不可能做到的。所以，光速 c 不仅仅对所有的参考系都是相同的常数，而且也是宇宙中信息和能量传播速度的上限。

牛顿理论中也研究"光"和"引力"，但认为这些作用的传播不需要时间，即光速是无限大的。爱因斯坦否定了这种"超距作用"的观点，认为光速是一个有限的数值,是信息和能量传递的最高速度。由此也可检验相对论的正确性。迄今为止,人类尚未观察到任何超过光速的信息或能量传播速度。也就是说,实验和观测中,都尚未发现违背狭义相对论的实例。信息以有限的而不是无限大的速度传播,这是现代宇宙观与牛顿宇宙观的重要区别。光速有限,便限制了我们可观测到的范围的大小,这个"可观测宇宙"一定是有限的,不管那个"真实的客观存在的宇宙"是否有限。

2.

广义相对论

狭义相对论的基本假设是相对性原理和光速不变。但爱因斯坦很快就认识到这个理论的不足之处,问题是其中的相对性原理只对于互相做匀速直线运动的惯性参考系成立。物理规律为什么对惯性参考系和非惯性参考系表现不一样呢? 惯性参考系似乎仍然具有特殊性,这就有了与当初质疑牛顿的绝对参考系时颇为类似的问题:哪些参考系才是惯性参考系呢? 狭义相对论似乎仅仅用"多个"惯性参考系代替了牛顿的"一个"绝对参考系。这仍然不符合爱因斯坦所信奉的马赫原理,因而他想,原来的相对性原理概念需要扩展到非惯性参考系。

爱因斯坦认为,不仅速度是相对的,加速度也应该是相对的,非惯性系中物体所受的与加速度有关的惯性力,本质上是一种引力的表现。因而,引力和惯性力可以统一起来。

有趣的是,爱因斯坦的两个相对论的最初想法,分别来源于他脑海里的两个有趣的思想实验。一个是爱因斯坦 16 岁的时候成天琢磨的问题:如果我骑在光速上以光的速度前进,会看到些什么? 这个"追光实验"的想法,最终引导爱因斯坦建立了狭义相对论。爱因斯坦考虑引力问题之时,萌生了另一个思想实验:如果我和"自由落体"一样地下落,会有些什么样的感觉? 前述的追光实验是个悖论,因为它描述的情况不可能发生,爱因斯坦不可能以光速运动。而自由落体实验在现实生活中却完全可能发生,比如说,设想电梯的缆绳突然断了,电梯立刻变成了自由落体,其中的人会有什么感觉? 这个问题如今不难回答,那就是在许多游乐场大玩具中可以体验到的"失重"感觉。因为那时候,电梯中的人将以 $9.8\mathrm{m/s^2}$ 的加速度向下运动。这个加速度正好抵消了重力,因而使我们感觉到失重。

加速度可以抵消重力的事实说明它们之间有所关联。加速度的大小由物体的惯性质量 m_i 决定,重力的大小由物体的引力质量 m_g 决定。由此,爱因斯坦将惯性质量 m_i 和引力质量 m_g 统一起来,认为它们本质上是同一个东西,并由此而提出等效原理。爱因斯坦猜想,等效原理将提供一把解开惯性和引力之谜的钥匙。

爱因斯坦的"自由落体"思想实验可以用图 4-2-1 的例子来说明。

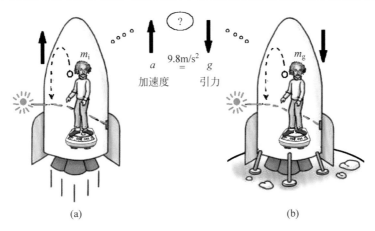

图 4-2-1 爱因斯坦说明等效原理的思想实验
(a) 太空中;(b) 地球上

图 4-2-1(a)中,宇宙飞船在太空中以加速度 $9.8\mathrm{m/s^2}$ 上升,太空中没有重力;图(b)中的太空船静止于地球表面,其中的人和物都应感受到地球的重力,其重力加速度 $9.8\mathrm{m/s^2}$。两种情形下的加速度数值相等,但一个是推动飞船运行的牵引力产生的加速度,方向向上;另一个是地球表面的重力加速度,方向向下。如果引力质量和惯性质量相等的话,飞船中的观察者应该感觉不出这两种情形有任何区别。所有物理定律的观察效应在这两个系统中都是完全一样的。包括人的体重、

上抛小球的抛物线运动规律、光线的偏转等。

等效原理揭示了引力与其他力在本质上的不同之处。当爱因斯坦接受了黎曼几何概念之后，便将引力与时空的几何性质联系起来。也就是说，物质的存在使得时空发生弯曲，而弯曲的时空又影响和控制了其中物质的运动，这是广义相对论的基本思想。

引力场方程

著名物理学家惠勒用一句话来概括广义相对论:"物质告诉时空如何弯曲,时空告诉物质如何运动"(图 4-3-1)。

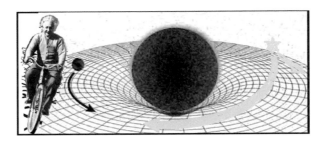

图 4-3-1　物质告诉时空如何弯曲,时空告诉物质如何运动

如果用数学语言来表述惠勒对广义相对论的解释,就得到如下所示的引力场方程:

引力场方程是个张量函数的微分方程。张量是矢量概念的推广。一个标量(比如温度 T)只用一个数值来描述,三维空间的矢量(比如速度 v_i)需要用 3 个数(v_1, v_2, v_3)来表示,因此速度矢量需要用带一个下标 i 的 v_i 表示。那么,如何表示一个张量呢?由图 4-3-2 可见,引力场方程中的张量 $R_{\mu\nu}$、$g_{\mu\nu}$、$T_{\mu\nu}$ 等,都有两个指标,表明它们需要用更多的"分量"来描述,被称为 2 阶张量。并且,这些张量是四维时空的张量,指标 μ、ν 可以是$(0, 1, 2, 3)$。指标 0 代表时间,空间维则仍然用$(1, 2, 3)$表示。

如图 4-3-2 所示,引力场方程的左边与时空的几何性质有关,用度规张量和曲率张量来描述。曲率张量代表时空的曲率；度规张量类似于量度时空的尺子和钟。方程的右边与时空中的物质-能量分布情形有关,用能量-动量张量来描述。引力场方程将时空的弯曲性质与物质能量的分布情况联系起来,也就是说,物质分布决定了时空的几何性质。

曲率张量　　（时空几何有关）　（物质-能量分布有关）

$$R_{\mu\nu}-\frac{1}{2}Rg_{\mu\nu}+\Lambda\, g_{\mu\nu}=8\pi GT_{\mu\nu}$$ ——能量-动量张量

曲率标量　宇宙常数　度规张量　引力常数

图 4-3-2　引力场方程（爱因斯坦方程）

在给定的时空几何中,物质沿着时空的"短程线"（也称之为测地线）运动,测地线是平坦空间中直线概念在弯曲时空中的推广。换言之,牛顿将引力解释成"力",爱因斯坦则是将引力几何化。比如说,在地球表面抛出的物体并不按照直线运动,而是按照抛物线运动。牛顿引力理论这样来解释：地球对物体的"引力"使得物体偏离了直线轨道；而广义相对论说,地球的质量造成了它周围空间的弯曲,抛射体不过是按照时空的弯曲情形运动而已。抛物线是弯曲时空中的"直线",即测地线。

不过,我们不用被图 4-3-2 中引力场方程复杂的表达式吓到,如果忽略张量的指标,它可以被表示成一个更为简单且方便理解的形式：

$$R=8\pi T \tag{4-3-1}$$

式中,R 代表时空弯曲（曲率）；T 代表物质（包括能量）。

所以,引力场方程所表示的只不过是一句话：物质产生时空弯曲。实际上,曲率可以从度规张量算出,因此式（4-3-1）左边的 R 是度规的函数。求解引力场方程的目的也就是解出度规。

从爱因斯坦方程的弱场近似可以得到牛顿引力定律。考虑最简单的情况,场方程中只有与时间维（指标 0）有关的那一项,比如说,曲率张量只有 R_{00} 一项,能量-动量张量只有普通物质（质量密度为 ρ）,这时候,场方程化简为：$R_{00}=4\pi\rho$。这

里的 R_{00} 可以进一步用牛顿理论中的引力势函数表示,从而得到牛顿的引力公式。

引力场方程(4-3-1)的解是用以描述时空几何性质的度规张量。度规就像是度量空间的一把尺子,还加上测定时间的"钟"。或者可以把它想象成解析几何中的坐标,这也就是为什么我们在解释时空弯曲时经常用类似坐标的"网格"来比喻的原因之一。因为所谓时空弯曲了,就是度规张量扭曲了,或坐标格子变形了,如图 4-3-3(b)所示。

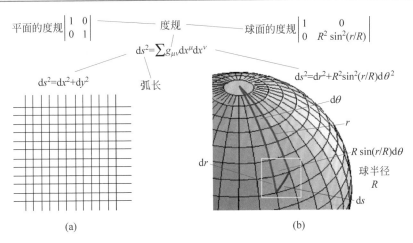

图 4-3-3 度规张量

(a)平坦空间;(b)弯曲空间

从图 4-3-3 中很容易看出,度规张量告诉我们如何计算"时空"中的弧长,严格地说,是弧长的微分 $\mathrm{d}s$。这点使用欧几里得平直时空中的直角坐标系很容易办到,因为根据勾股定理,弧长 $\mathrm{d}s$ 就是直角三角形的斜边,它的平方就等于直角坐标系坐标微分的平方和,如图 4-3-3(a)所示。但是,如果对于像球面那样的弯曲空间,弧长微分 $\mathrm{d}s$ 的计算就要复杂一些了,因为球面的度规表达式也变得复杂了。

另外,广义相对论中考虑的是"时空"的弧长 $\mathrm{d}s$,它表示的已经不仅仅是空间中的"距离"概念,四维时空中的时间和空间可以分别用实数和虚数表示。如果采取时间为实数的表示方式,这时候的"弧长"被称为"固有时",通常不将它写成 $\mathrm{d}s$,而

被记作 $d\tau$。

在一定的简化情形下,四维时空的弧长微分 $d\tau$ 与空间度规张量 g_{ij} 的关系可表示如下:

$$d\tau^2 = dt^2 - \frac{1}{c^2}ds^2 = dt - \frac{1}{c^2}\sum_{i,j=1,2,3} g_{ij}\,dx^i\,dx^j \qquad (4\text{-}3\text{-}2)$$

式中,$d\tau$ 为固有时;ds 为空间弧长;c 为光速;dt 为坐标时;g_{ij} 为空间度规。

证明两个相对论正确性的实验证据已经不少。狭义相对论就不用说了，从微观到宇观，从量子物理中的实验，到高能加速器及对撞机的应用，各个方面都要涉及狭义相对论效应，至今还没有观测到与这个理论违背的迹象。

广义相对论早就有了三大经典实验验证：水星轨道近日点的进动；光波在太阳附近的偏折；光波的引力红移，分别如图 4-4-1（a）、（b）、（c）所示。这三个现象中，牛顿力学计算的结果与实际观测结果有一定偏差，广义相对论的计算结果则与实验精确符合。因此，牛顿引力定律可以当作是广义相对论在引力场较弱、应用范围不大时候的近似。

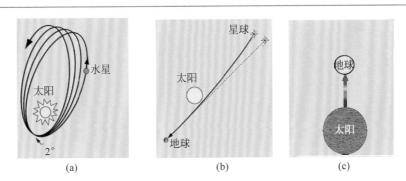

图 4-4-1　广义相对论的三大经典实验验证
（a）水星近日点进动；（b）光线偏转；（c）引力红移

之后，天文学中观测到的引力透镜现象、引力时间延迟、引力红移，对脉冲双星的观测，以及引力波的探测接收等，已经有无数的实验和天文观测数据间接或直接地验证了广义相对论的结论。

在此介绍一下两个相对论在全球定位系统(global positioning system,GPS)技术中的应用。几乎每个使用智能手机或者是开车的人都知道 GPS。它可以为我们的出行提供导航,还能精确定位,而且价格低廉。

GPS 是靠 24 颗卫星来定位的,任何时候在地球上的任何地点至少能见到其中的 4 颗,地面站根据这 4 颗卫星发来信号的时间差异,便能准确地确定目标所在的位置。从 GPS 的工作原理可知,"钟"的准确度及互相同步是关键。因此,GPS 的卫星和地面站都使用极为准确(误差小于十万亿分之一)的原子钟,见图 4-4-2。

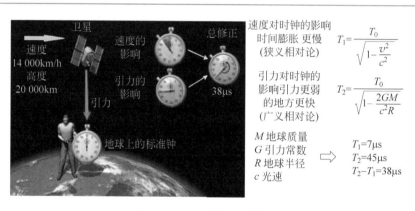

图 4-4-2　GPS 的相对论修正

但是,GPS 卫星上的原子钟和地球上的原子钟必须同步,否则便会影响定位的精度。相对论是有关时间空间的理论,预言了一定情况下时间的变化。根据狭义相对论,快速运动系统上的钟要走得更慢一些(双生子佯谬),卫星绕着地球旋转,它的线速度大概为每小时 14 000km。根据图 4-4-2 右边的公式进行计算,将使得卫星上的钟比地球上的钟每天慢 7μs。广义相对论的效应则是因为卫星的高度而产生的。越靠近地面,时空的弯曲程度就越大。所以,卫星上时空的变形要比地面上小,这种效应与狭义相对论的影响相反,卫星位于距地 20 000km 的太空中,引力的差别将使得卫星上的钟比地球上的钟每天快 45μs。两个相对论的作用加起来,便使得卫星上的钟比地球上的钟每天快 $38\mu s$。

$38\mu s$ 好像很小,但是比较起原子钟的精度来说,则是相当地大。原子钟每天的误差不超过 $10ns$,而 $38\mu s$ 等于 $38\ 000ns$,是原子钟误差的 3800 倍。$38\mu s$ 的差别将引起导航定位系统的定位误差。这些误差会积累起来导致 GPS 产生较大误差。所以,GPS 系统必须考虑相对论的影响,进行相应的修正。事实上,每一个卫星在入轨运行前都把原子钟每天调慢 $38.6\mu s$。这样不但改善了 GPS 的定位精度,校正后的卫星时钟系统还可以向全球提供精确的国际标准时间。

5.
不同的内蕴几何

广义相对论和狭义相对论如何关联起来？读者可以想象曲面和平面有何关联。狭义相对论只是把时间和空间统一到了一起，但没有考虑引力。因此，狭义相对论中的时空是平坦的，我们称四维的平坦时空为"闵可夫斯基空间"，类比于二维平面。然而，真实的宇宙中引力处处存在，所以，广义相对论描述的弯曲几何才是真实世界的写照，狭义相对论只是真实世界的一个小范围内的局部近似。就像生活在地球上的人类，脚下的土地本来是弯曲的球面，但是因为我们活动的范围比地球尺寸小得多，可以局部地将地面看成是平面。换言之，一个人在地面上跑步，可以认为自己是在平面上运动，但如果他作环球旅行，他会认识到地球表面是弯曲的。

曲面有各种各样，典型的 3 种曲面：平面、球面、双曲面，代表了 3 种不同的几何。双曲面也叫马鞍面，是我们常见的那种两边向不同方向弯曲的土豆片的形状。这 3 种曲面有不同的几何性质，分别称之为欧几里得几何、黎曼几何、罗巴切夫斯基几何[6]。它们的区别最开始来自于对平行线公理的不同假设：过直线外的一个点可以作多少条平行线？平面几何的假设是能够作并且只能作一条；球面上一条平行线也不能作；双曲面几何则基于最少可以作两条平行线的假设。由此而得到的 3 种几何具有完全不同的性质，最被广为人知的一点是：平面三角形的 3 个内角之和等于 $180°$，而球面三角形的内角和大于 $180°$，双曲面上三角形的内角和则小于 $180°$。

这三种不同的二维曲面都是常曲率曲面。平面的曲率处处为零；半径为 R 的球面上,每一点的曲率都等于 $1/R$;半径为 R 的双曲面上每一点的曲率则都等于 $-1/R$。

上文中所说的二维曲面的"曲率",指的都是内在曲率,或称之为内蕴曲率。我们可以举几个二维曲面的例子来简单解释内在曲率和外在曲率的区别。比如,考虑柱面和球面,它们在三维空间中看起来都是弯曲的,但柱面的弯曲只是一种外在的表现,我们可以将柱面剪开后平坦地铺开成为一个平面,完全没有皱褶,也不用拉伸。所以,柱面的弯曲性不是本质的,而是外在的。柱面在本质上和平面一样,它的内蕴曲率等于零。而球面不一样,你无法将一个半球形的帽子剪开平铺在桌子上,球面在其内在本质上是一个弯曲的二维空间,内蕴曲率大于零。双曲面也不可能被展开成平面,本质上也是弯曲的,不过,它的内蕴曲率为负数。

再举圆锥面为例。将一张圆形的纸片沿两条半径剪去一个角,再将剪开的地方粘合在一起,便形成了一个锥面。从锥面形成的过程可知,除了顶点之外,它的内蕴几何性质是和平面相同的。也就是说,锥面的内蕴曲率处处为零,顶点例外。顶点的曲率为无穷大。

二维曲面的内蕴几何是生活在曲面上的二维生物感受到的几何。这意味着,这些扁平的生物完全不可能有三维空间的直观体验。如果它们是生活在一个球面上,那个球面就是它们的整个世界。也许它们可以通过数学来建立高于二维空间的概念,就像我们想象四维或更高维的空间一样。球面生物无法跳到三维来观测球面的形状,它们使用的一切东西都是二维的、扁平的。光线只在球面上传播,因此,它们想办法在球面上测量三角形的内角之和,发现大于 $180°$,方知它们的世界是一个曲率为正的弯曲空间。我们人类也有类似的极限,不能跳到四维空间去观察,也无法画出三维空间嵌入四维中的直观图像。因此,我们只能用二维空间嵌入三维中的直观图像来类比。需要强调的是:虽然我们画出了平面、球面、双曲面嵌入到三维的图像,但实际上这些形状的内蕴几何性质是内在的,并不以嵌入的方式而改变。这正如一张平坦的纸,你可以把它卷成圆柱面,椭圆柱面,或是做成一个圆锥面,椭圆锥面。然后在三维空间来观察各种形状的纸上每个点附近的几何。

你会发现，除了圆锥的顶点之外，其他点附近都仍然是平坦的欧几里得几何，并不以你卷成的不同形状而改变内蕴曲率为零的本质。

再举一维空间（线）的例子来加深你对"内蕴几何"性质的理解。一维空间本质上只有一种几何，即平直的欧氏几何，也就是说，在三维空间中的一条线，无论怎样弯来拐去，本质上都与直线没有区别。曲线总是可以展开成直线，弯来拐去只是嵌入二维或三维空间的表观现象，在上面爬来爬去的一维"蚂蚁"感觉不出它的世界与直线有任何区别。有的书上将这个性质表达为：曲线没有内蕴几何。但实际上正确的说法应该是，曲线只有一种平直的几何，而二维和三维流形除了平直欧氏几何之外，还有弯曲的内蕴几何。

第五章

探测引力波

1.

宇宙学中的基本测量

这一章中,我们再回到引言中提到的引力波探测。探测到引力波的事件,不仅是科学理论预言的实现,也是精密测量技术的胜利,因为引力波在地面上引起的效应非常微弱。另外,进行天文学和宇宙学方面的测量,即使是测量最基本的距离和质量,都是十分困难的。本节中将简单介绍一下天文学中测量距离的基本方法。

测量宇宙中的星系,谈何容易!这可不是在实验室里拨弄天平、砝码、瓶瓶罐罐就能够办到的。遥远而巨大的星体不能放到秤上称,星体间的距离无法用标尺量。说到时间,就更难以想象了。人的寿命不过百年,而星体、宇宙的寿命却往往以亿年计算。这种天方夜谭之事,天文学家们是如何做到的?

天体的质量基本不是被"测量"出来的,而是通过各种数学模型和理论公式"计算"出来的。天文学中测量星体之间距离的方法有很多种。

人类最开始想测量的,应该是地球到离我们最近的星球——月亮的距离。最早测量月地距离的人,是公元前 2 世纪左右的古希腊天文学家喜帕恰斯。聪明的他利用一次日食的机会实现了这个目标。

如图 5-1-1 所示,喜帕恰斯在地球上的 A 点观测日全食,同时让他的朋友在 B 点观测日偏食。假设 B 点可以看见 1/5 的太阳,根据图中的三角几何关系,可以从日偏食的角度 θ 以及 A 点和 B 点间的距离 D,计算地球月亮的距离 $D_m = D/\theta$。喜帕恰斯当时测量的月地距离约为 260 000km,与现在公认的平均距离 384 401km 有一定差距,但对于这位 2000 多年前的古人而言,可以算是很了不起的工作了。

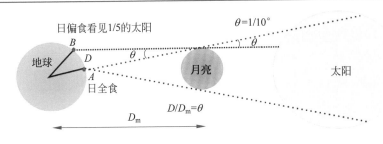

图 5-1-1 喜帕恰斯利用日食测量月地距离

　　如今,我们有了现代的各种探测技术,可以很容易想象出既简单又精确的方法来测量地球到月亮的距离。比如说,我们可以向月球发射一束高强度的激光,让它到达月球某处再反射回来,然后测量两个光束的时间差就可以了。

　　测量离地球不太远的星球的距离,最普遍使用的一种简单几何方法是三角视差法。这种方法可以用来测量 300 光年以内的距离。

　　如图 5-1-2 所示,因为地球绕着太阳做圆周运动,在一年内不同的时候对远处星体及其周围背景进行观察,结果会不一样。根据不同观察图得到的视差,可以算出视差角。然后,将日地距离当作是已知的,这样,就能用几何的方法算出地球离

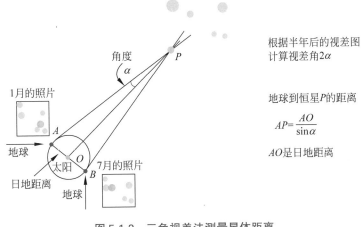

图 5-1-2 三角视差法测量星体距离

星体的距离。三角视差法只适用于测量距离地球较近的星体。高精准的距离测量是利用激光雷达的光线往返于地球和放置在另一星球上的棱镜所花费的时间。

除了几何方法之外，还有测量星体距离的各种物理方法。比较常用的方法是利用星体亮度和距离之间的关系。根据常识，同样一个光源，放到越远的地方，看上去就越暗。发光的天体也是如此，如果它距离地球越远，观测到的亮度也会越小。但是，我们如何判定天体的亮度差别是因为距离的远近还是因为本身的发光能力造成的呢？换言之，我们需要有某种其他的方法，来帮助我们估算星体的真实发光能力。用天文学的专业术语，将这种内在发光能力，称为"绝对星等"，而我们从地球上观察某颗星所得到的亮度，叫作"视星等"。绝对星等指的是把天体放在一定的标准距离（10秒差距，或32.616光年）时天体所呈现出的视星等。知道了一颗星的绝对星等，就可以推算出它在任何距离上的亮度；反之，知道一颗星的绝对星等及视星等，便可以推算出它究竟离我们有多远了。绝对星等 M、视星等 m、距离 D 之间有如下关系：

$$M = m + 5 - 5\lg D$$

问题是怎样才能确定恒星的绝对星等呢？

对大多数主序恒星而言，天文学家们经常利用描绘众多恒星演化状态的赫罗图来达到上述目的。在第一章中，我们曾经介绍过赫罗图（图1-4-3），借助于赫罗图，从主序星阶段的恒星颜色（光谱），就可以确定它的绝对星等。由此便给出了一个标准，来进一步比较视亮度与真实亮度，帮助测量和判定恒星与地球的距离。这也叫做光谱视差法，实际上就是根据光谱类型先估计出恒星的真实亮度，再根据计算得出距离的一种方法。

光谱视差法对于测量恒星距离可用，但对距离太远的星系，在大多数情况下就难以应用了。这时候就可以采用一种新的方法。首先观察该星系中造父变星的光度周期变化，利用造父变星或超新星作为"标准烛光"，就能计算出星系的距离。有关造父变星，参见第七章中的介绍。天文学家们发现宇宙中有一种脉动变星，它们的光度变化周期与光度大小有关系，根据测量这种"周光关系"，就可以计算出星体的距离。哈勃正是用这种方法发现了(事实上是证实了)第一颗银河外的造父变星。之前人们都以为这颗星是属于银河系的,但哈勃当时用"周光关系法"计算出它与地球的距离超过 200 万光年,大大超过了银河系 10 万光年的范围,因而断定它不是银河系的成员。后来再加上其他的观察资料,哈勃最后确定这颗星属于银河系外的另一个星系仙女星系。仙女座的范围大于银河系,约为 16 万光年。

对于更遥远的星系,天文学家还可以利用Ⅰa 型超新星作为标准烛光。因为超新星是白矮星的质量超过钱德拉塞卡极限时发生热核爆炸而形成的,物理学家对它的绝对亮度有一个很好的估计,所以可以用作标准烛光。

再远一些的星系,就需要测量光谱红移,并根据哈勃定律,以及中子星的偏振等更为复杂的方法来测量距离。概括而言,宇宙学中测量距离的方法是一层一层的,将测量到的短距离当作已知数,再来测量和计算下一层更远的距离。好像爬楼梯一样,从近到远往上爬。每一层都有不同的方法。

2.
探测引力波——时空的涟漪

要明白如何探测到引力波？首先得了解什么是引力波？如前所述，牛顿的万有引力定律揭示了引力与万物的关系。而爱因斯坦的广义相对论则将引力与四维时空的弯曲性质联系在一起。物质的质量使得四维时空弯曲，弯曲的时空又影响其中物体的运动，使其运动轨迹成为曲线而非直线。犹如一大片无限扩展的弹性网格以及上面滚动的小球互相影响一样：网格形状因小球重量而弯曲，小球的运动轨迹又因网格的弯曲而改变，见图 5-2-1(a)。

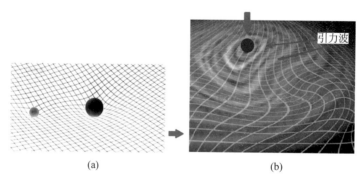

(a) (b)

图 5-2-1 弯曲时空和引力波

（a）物质使时空弯曲；（b）引力波是弯曲时空中的涟漪

设想弹性网格上突然掉下一个很重的大铅球，如图 5-2-1(b)。铅球不仅使得网格的形状大大改变，而且还将引起弹性床的大震荡，就像一颗石子投在平静的水面上引起涟漪一样，铅球引起的震荡将传播到网格的四面八方。将这个涟漪的比喻用到四维弯曲时空中，便是科学家们探测到的引力波。

从物理的角度看,与电荷运动时会产生电磁波相类比,物质在运动、膨胀、收缩的过程中,也会在空间产生涟漪并沿时空传播到另一处,这便是引力波。根据广义相对论,任何作加速运动的物体,如果不是绝对球对称或轴对称的时空涨落,都能产生引力波。爱因斯坦在 100 年之前[12-13]预言存在引力波,但是由于引力波携带的能量很小、强度很弱,物质对引力波的吸收效率又极低,一般物体产生的引力波不可能在实验室被直接探测到。举例来说,地球绕太阳转动的系统产生的引力波辐射,整个功率大约只有 200W,而太阳电磁辐射的功率是它的 10^{22} 倍。仅仅 200W! 可以想象得到,照亮一个房间的电灯泡的功率,散发到太阳—地球系统这样一个偌大的空间中,效果如何? 所以,地球—太阳体系发射的微小引力波一直完全无法被检测到。

美国花费巨资升级的 LIGO,是目前最先进的观测引力波的仪器,它的基本原理是使用激光干涉仪,见图 5-2-2(a)。从激光器发出的光束,经由分光镜分为两路,并分别从固定反射镜和可动反射镜反射回来再会合。利用测量两条激光光束的相位差来探测引力波引起的长度变化。每束光在传播距离 L 后返回,其来回过程中若受到引力波的影响,行程所用时间将发生改变而影响到两束光的相对相位。显然,干涉臂的长度 L 越长,测量便越精确。以 LIGO 为例,双臂长度为 4km,见图 5-2-2(b)。并且,LIGO 观测机构拥有两套干涉仪,一套安放在路易斯安那州的

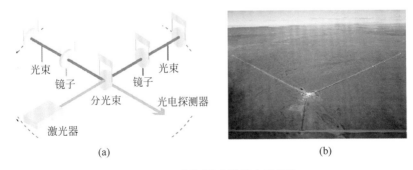

图 5-2-2 探测引力波的实验设施
(a) 激光干涉仪原理图;(b) LIGO 臂长 4km 的实际观测站

李文斯顿，另一套在华盛顿州的汉福。两台干涉仪都得到了类似的结果，方才能证实的确接收到了引力波。

测量到引力波是基础物理研究的里程碑。首先，这意味着科学家们可以通过它来进一步探测和理解宇宙中的物理演化过程，为恒星、星系，乃至宇宙自身现有的演化模型提供新的证据，有一个更为牢靠的基础。其次，过去的天文学基本上是使用光作为探测手段，而现在观测到了引力波，便多了一种探测方法，也许由此能开启一门新学科——引力波天文学。此外，大爆炸模型和黑洞等发射的引力波，都是建立在广义相对论的基础上。真正探测到了理论预言的引力波，便再次证明这个理论的正确性。

2015 年被 LIGO 探测到的引力波波源，是一个遥远宇宙空间中的双黑洞系统。其中一个黑洞重达 36 倍太阳质量，另一个则为 29 倍太阳质量，两者碰撞、并合成一个 62 倍太阳质量的黑洞。显然这里有一个疑问：36＋29＝65，而非 62，还有 3 个太阳质量的物质到哪里去了呢？其实这正是我们能够探测到引力波的基础。相当于 3 个太阳质量的物质转化成了巨大的能量并被释放到太空中！正因为有如此巨大的能量辐射，才使得远离这两个黑洞的人类，探测到了碰撞融合之后传来的已经变得很微弱的引力波。

电磁波和引力波

尽管爱因斯坦在 1916 年就预言了引力波,但他当时对自己这个预言的态度也是反反复复、颇为有趣的。爱因斯坦本人直到 1936 年还尚未对此有一个确定的答案。他曾经在一篇论文中得出"引力波不存在"的结论! 但因为该文中他的计算有一个错误,被《物理评论》拒绝。当年,愤怒的爱因斯坦转而将此文投给《富兰克林学院学报》,文章即将发表时爱因斯坦自己也发现了他的错误,于是将文章标题改变了[14]。后来他又重写了论文,计算核实准确了之后才在 1938 年发表[15],最终确定了引力波的存在。

对大众而言,引力波、黑洞,相对论,这些远离人们日常生活的名词,在 2016 年突然一转眼就变得现实起来。并且,LIGO 探测到的双黑洞融合事件还是 13 亿年之前就已经发生了的事件,辐射的引力波在茫茫无际的宇宙中奔跑了 13 亿年之后,在其能量为顶峰的一段短暂时间内(约 0.2s),居然被人类探测到了,听起来的确像是天方奇谈。

不过,大多数人对电磁波比较熟悉,起码这个名词经常听到,因为它与我们现代社会通信密切相关。那么,既然引力波和电磁波都是"波",我们就来比较一下这两个"兄弟",以此加深读者对引力波探测的理解。

英国物理学家麦克斯韦于 1865 年预言电磁波;爱因斯坦于 1916 年预言引力波。

1887 年,赫兹在实验室里用一个简单的高压谐振电路第一次产生出电磁波[16],用一个简单的线圈便能接受到电磁波,图 5-3-1(a);2016 年,美国的 LIGO

第一次探测到引力波[17]，团队的主要研究人员有上千人，大型设备的双臂长度为4km，造价高达11亿美元，见图5-3-1（b）。

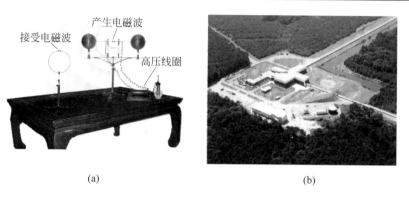

接受电磁波　产生电磁波　高压线圈

(a)　　　　　　　　　　　　　　　(b)

图 5-3-1　电磁波和引力波探测设备
（a）赫兹产生和接受电磁波的设备；（b）接收到引力波的 LIGO 臂长 4km

电磁波从预言到探测，历时 23 年；引力波从预言到探测，历时 100 年。

从上面的数据可见，引力波的探测比电磁波的产生或接受困难多了，其根本原因在于两者的强度相差非常大。

现代物理理论认为，世界上存在 4 种基本相互作用，分别为引力、电磁、强和弱相互作用。其中的强相互作用和弱相互作用都是"短程力"，意味着它们只在微观世界的很短范围内起作用。这 4 种相互作用中，引力是强度最弱的，大约只有电磁作用的 $1/10^{35}$。也就是说，将引力的强度值后面再加上 35 个 0，才能与电磁作用相当。

加速运动的电荷可以辐射电磁波，加速运动的非球对称质量也能辐射引力波。但是，电磁波很容易在实验室中被探测到。而从现在的技术观点看，强度比电磁波小 30 多个数量级的引力波，不可能在实验室中测量到，也不太可能在近距离的普通天体运动中观测到。

根据广义相对论进行计算，最有可能探测到引力波的天文事件，是大质量星体的激烈运动。比如说，双中子星或双黑洞互相绕行、最后融合的事件。在那段过程中,双星系统将发射出大量引力波。对于宇宙中发生的此类事件,天文学家们已经研究很长时间了。事实上,1947 年,在欧洲的华人物理学家胡宁发表的《广义相对论中的辐射阻尼》一文中,就最早对双星系统的引力辐射效应作出了理论证明[18]。1974 年,两位学者从观测双中子星相互围绕对方公转的数据中,间接证实了引力波的存在,并因此荣获 1993 年的诺贝尔物理学奖。近年来,人们对双黑洞的碰撞融合过程进行了大量的计算机数值计算和图像模拟,也从统计学的角度,研究了各类质量的双黑洞碰撞在宇宙中发生的概率,及地球上探测到这些事件辐射的引力波的可能性。通过多方面详细、深入的研究,科学家们对引力波的探测信心倍增,并在几十年前启动了 LIGO 项目。并且,不仅仅是美国,还有欧洲的 VERGO、印度的 LIGO、日本的 KAGRA 等,都陆续在升级或建造中。除此之外,还有探测引力波的空间站,比如 LISA 等,则定位于更为低频的引力波源。

即使是黑洞碰撞产生的强大引力波,传播到地球时对地面上物质产生的影响也微乎其微,因为这些事件都发生在很遥远的宇宙空间。话说回来,这也是人类的幸运,地球位于广阔宇宙中一片相对平静的区域,并且繁衍于一段比较安全的时间段。引力波和电磁波一样,也是以光速传播,这个黑洞融合事件辐射的引力波在穿过 313 亿光年到达地球时,引起物体长度的相对变化只有 10^{-21}。这个数字是什么意思呢?如果有一根棍子,像地球半径($R=6400 \text{km}$)那么长,那么从黑洞来的引力波将引起这根棍子的长度变化为 $10^{-21} \times R = 10^{-11} \text{mm}$(1mm 的一千亿分之一!)。

我们无法做出一根和地球半径一样长的棍子,但科学家们可以尽量延长探测臂的长度。比如 LIGO 两臂的长度均为 4km,因此,引力波将使得每个臂的长度变化为 $4 \times 10^{-18} \text{m}$。

用什么"尺子"来测量这么小的长度变化?科学家们又请出了引力波的大哥——电磁波,它以激光的面貌出现。所用仪器的原理与 1887 年迈克耳孙干涉仪[19]基本相同。干涉仪发出的激光分成两束,走向不同的方向,在两个长臂中反射后进行干涉,从干涉图像则可以测量出两臂长度的微小差异。这种设备是爱因斯坦的幸运神,当年迈克耳孙和莫雷使用这种干涉仪进行的实验,证实了以太的不存在,启发了狭义相对论。130 年之后的激光干涉仪虽然已经面目全非,但基本原理相同,人类又用它第一次接收到了引力波,证明了爱因斯坦的广义相对论。

激光干涉仪也不仅仅帮了爱因斯坦的忙,它们是物理实验室中常见的设备,多次为科学立下汗马功劳。不过,LIGO 将这种仪器的尺寸扩大到了极致,将其功能也发挥到了极致,使得长度测量的精度达到了 10^{-18} m,是原子核的尺度的 1/1000,这才创造出了 GW150914 这个第一次。

首先,科学家们让两束激光在长臂中来来回回地跑了 280 次之后再互相干涉,这样就把两臂的有效长度提高了 280 倍,使得引力波引起的长度变化增加到 10^{-15} m 左右,这是原子核的尺度。为了使这些激光"长跑运动员"有足够的精力跑完这么长的距离,使用的高强度激光功率达到 100kW。为了减小损耗,LIGO 的激光臂全部安置于真空腔内,使用超洁净的镜片,其真空腔体积仅次于欧洲的大型强子对撞机(large hadron collider,LHC),气压为万亿分之一大气压。

这一切做到了极端的标准和精确,才使 LIGO 检测到这么微弱的距离变化,这是精密测量科学的胜利。从赫兹探测电磁波的线圈,到 LIGO 这种大型精密设备,表明了人类科学技术的巨大进步。

下面,我们再从数学和理论物理学的角度,认识一下电磁波和引力波这两兄弟的异同点。

理论物理学家们预言的电磁波和引力波,都满足形式相似的波动方程:

电磁波的方程从麦克斯韦理论得到,引力波的方程从广义相对论得到。麦克斯韦方程是线性的,引力场方程本来是非线性的,但研究引力波向远处传播时,可以利用弱场近似将方程线性化而得到与电磁场类似形式的波动方程。简单而言,图 5-3-2 所示的两个波动方程,是一个同类型的等式。等式左边是微分算子作用在波动的物理量上,右边则是产生波动的波源。

图 5-3-2　电磁波和引力波的波动方程和波源的不同辐射图案

电磁波的情况,电磁势(及相关的电磁场)是波动物理量,是一个矢量。电荷电流是波源。引力波的情形,波动的物理量及波源的情况都比较复杂一些,它们都是2 阶张量,或简称张量。图 5-3-2 中可见,矢量用一个指标表示,张量用两个指标表示。因而,张量比矢量有更多的分量。电磁波是电场(磁场)矢量场的波动;引力波是时空度规张量的波动。

图 5-3-2 最右边的两个图案,说明电磁波源和引力波源辐射类型的区别:电磁波起于偶极辐射,引力波起于四极辐射。

发射引力波的"源"与电磁波源有一个很重要的区别:电磁作用归根结底是由电荷引起的(因为至今没有发现磁单极子),而引力是由质量引起的,也可以将质量称之为"引力荷"。但是,电荷有正负两种,质量却只有一种。因此,电磁辐射的最基本单元是偶极辐射,而引力辐射的最低序是四极子辐射,见图 5-3-3(b)。一个像"哑铃形状"的物体旋转,便会产生随时间变化的四极矩,在天文上,哑铃形状可以由双星系统来实现。当一个大质量物体的四极矩发生迅速变化时,就会辐射出强引力波,双黑洞的旋转融合过程中正好提供了巨大的引力四极矩变化。

此外,正负电荷间有同性相斥、异性相吸的特点,使得电磁力既有吸引力,也有排斥力。但质量(引力荷)产生的引力却只有吸引力一种。不过,在第九章中将会看到,暗能量的作用相当于某种"排斥"性质的引力。

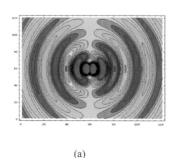

(a)   (b)

图 5-3-3　偶极辐射和四极辐射
（a）偶极辐射；（b）四极辐射

也正因为电荷有正负之分，可以利用这个正负抵消的性质来屏蔽电磁力。而引力场不能靠类似的方法屏蔽。不过，因为广义相对论将引力场解释为几何效应，在局部范围内，可以用等效原理，借助一个自由落体坐标系将引力场消除。电磁场则不能被几何化。

从量子理论的角度来看，电磁波是由静止质量为 0、自旋为 1 的光子组成，而引力波是由静止质量为 0，自旋为 2 的引力子组成。电磁波能与物质相互作用，被反射或吸收。但引力波与物质的相互作用非常微弱，只能引起与潮汐力类似的伸缩作用，在物质中通过时的吸收率极低。

1887 年，赫兹发现电磁波后，他在发表文章的结语处写道："我不认为我发现的无线电磁波会有任何实际用途"。而当时两位二十多岁的年轻人，马可尼和特斯拉，却从赫兹的实验中突发异想，将电磁波用于了通信。如今，电磁波对当今人类文明的进步和发展的重要性已经毋庸置疑。

爱因斯坦预言引力波的时候，也认为人类恐怕永远也探测不到引力波，他当然也不可能预料引力波是否可以对人类有任何实际用途。可见，科学技术的发展有时候是很难预料的。

4 种相互作用中，只有引力和电磁力一样，具有"长程"的性质。长程力才有可能用于远距离的观测和测量。虽然引力很弱，但既然在天文领域及宇宙范围内可以探测到它们,那就有可能将来在天文学和宇宙学的研究中首先应用它们。近几年来发现的暗物质和暗能量,都是只有引力效应而对电磁作用没有反应,引力波及相关的探测应该能帮助这方面的研究。

总之,2015 年的 GW150914 事件只是引力探索中的一个开端,还远没有结束。科学家们还需要期待更多的观测结果。

4.

引力波速度为何等于光速

在上一节中,我们写出了电磁波和引力波的波动方程,它们在闵可夫斯基四维时空中的洛伦兹不变表达式是类似的。如果不考虑波源的辐射性质,只研究两种波在自由真空中的传播性质的话,两个方程的形式完全一样。

图 5-4-1 中的电磁波和引力波方程,数学形式完全一致,因此两种波传播的速度都是两个方程中的常数 c,也就是光速。光在本质上是一种电磁波,所以电磁波的速度是光速毋庸置疑,但读者可能会产生疑问:引力波的速度为什么也是光速呢?

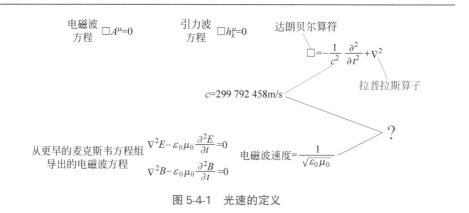

图 5-4-1　光速的定义

并且,从物理史的角度考虑,光(或电磁波)的速度最开始是从麦克斯韦方程组推导出来,用电解质和磁介质的参数计算而得到,见图 5-4-1 中最下面的公式。从那两个公式看起来,似乎光速 c 只应该是电磁波的"专利",因为它与物质电磁性质的参数有关。引力波似乎与介质参数没有关系。

但是，在爱因斯坦建立的狭义相对论中，对光速的理解已经不一样了。狭义相对论认为光速不变，因此，光速作为一个普适的、与电磁场无关的基本物理常数进入到理论物理的方程中。所以，当表达物理定律的方程被写成四维空间的相对论洛伦兹不变的形式时，往往都包含了 c 作为一个物理常数。

不过，"光速"有其原来的物理意义。首先，它是光（电磁波）在真空中的传播速度，是可测物理量。再则，从经典电磁理论中根据安培定律等实验中总结的规律，它又可以从介质参数（真空的电容率 ε_0 和磁导率 μ_0）计算出来，而这些参数也是可以测量到的。测量总有误差，可测物理量中有一些被规定为基本物理量。爱因斯坦的相对论则将光速作为信息及能量传输速度的极限，将光速不变作为基本假设。

这些有关理论、实验、测量、度量标准等问题，有时会产生一些互不相容的矛盾之处，或者造成定义循环。在此我们略去历史细节不谈，只介绍目前所使用的有关"光速"的结论。

在 1983 年的 17 届国际计量大会上，将数值 $c = 299\,792\,458\text{m/s}$，作为光速的"定义"。这个数值与当时认为最精确的测量值一致，但又不同于测量值。测量值有误差范围，测量值将随着时间而更新，这个数值却是一个固定的整数，被定义为 c。所以，c 是一个没有误差的"精确值"，虽然我们仍然把它叫做"光速"。光速的值固定了，时间和长度又怎么办呢？时间的基准使用铯的辐射周期，即将铯-133 原子基态的两个超精细能级之间跃迁相对应辐射的 $9\,192\,631\,770$ 个周期持续的时间定义为 1s。

有了"c"和"1s"的定义之后，再反过来定义"1m"，即"1m 是光在真空中 $1/299\,792\,458\text{s}$ 的时间间隔内所经路程的长度"。总之，后来我们放到物理方程中的"c"，已经不仅仅是一个与"电磁"作用相关的物理量了。"光速"居然被定义成了一个整数！物理学家们已经把光速转换成了一个固定值，把它当成了一把标准的"尺子"来使用。

因此，引力波所满足的波动方程中的 c，是一个物理基本常数，不是从测量光速得到的，也不是从真空电容率和磁导率计算而来，而是被"定义"的。

引力波 h（度规张量的变化）在真空中传播时，可以分解成平面波的叠加：

$$h = A\mathrm{e}^{ikx}$$

式中 A 是振幅，k 是四维波矢量，x 是时空坐标。将上式代入波动方程中可得到 k 的基本性质：$k_x^2 + k_y^2 + k_z^2 - k_0^2/c^2 = 0$，说明 k 是一个沿着光锥的矢量，即引力波的速度等于 c（定义的光速）。

引力波经过物体时，会引起和潮汐力类似的效应。本书第一章中曾经介绍过潮汐力（图 1-1-3）。在广义相对论中，人们将由于引力不均匀而造成的现象统称为"潮汐力"。当引力波通过物体时，传过来的是时空度规的变化，也等效于造成物体的不同部分经受不同大小的引力，所以引力波对物体的影响类似于潮汐力。或者说，潮汐力可以由引力波产生。但是，我们通常所说的地球表面海洋的潮汐现象，是因为月亮对地球的引力不均匀而形成的，是一种引力造成的效应，但不是引力波，也并不是引力波造成的。也就是说，我们在地球上观察到的潮汐现象与"引力"有关，但与"引力波"无关。海洋的潮汐现象用牛顿万有引力或者广义相对论都可以解释。

　　当下引力波探测的先驱是 LIGO 科学合作组织,但我们不要忘了历史上探测引力波的真正先驱——约瑟夫·韦伯(Joseph Weber,1919—2000)。

　　从 20 世纪 60 年代开始,一直到 70 年代,正是广义相对论、引力及黑洞研究的黄金年代。但大多数专家们基本上都是用数学研究理论,顶多听听来自天文界的新发现、新消息,没人对真正探测到引力波感兴趣。因为大家都知道,即使宇宙中存在引力波,探测到它的机会也是小之又小,因为它们的强度太弱了。可是,在美国的马里兰大学,不信邪的韦伯教授却一意孤行,决心进军引力波探测的实验领域[20]。

　　韦伯 1919 年出生于美国新泽西州派特森市,父母是德国犹太移民。韦伯在第二次世界大战中是一名海军军官。战争结束后,他读完了博士并成为马里兰大学的工程系教授。后来,他对相对论表现出的浓厚兴趣,促使他利用得到一个奖学金的机会到普林斯顿高等研究院追随惠勒学习理论物理。后来,韦伯又从马里兰大学的工程系转到物理系当教授。

　　实际上,韦伯在电子工程方面颇有成就,在激光和激微波(maser)研究方面,几乎与查尔斯·汤斯等同时作出了开创性的工作。汤斯等三人后来因此项发明而获得了 1964 年的诺贝尔物理学奖,却无人提及韦伯的贡献。之后,韦伯有些气馁,将他的研究方向转到探测引力波上。

　　科学家们作研究的原动力本来是来自于了解未知世界的欲望和兴趣,但研究的结果却有失败和成功。后人从考察科学历史的角度看起来,决定将要研究的课题有时候真像是在下一场赌注。有的赌注很快就得到兑现,有的却长期不见分晓,也许耗尽你一生的心血和精力却一无所获。韦伯探测引力波可以算作一个失败的例子。他借用了电磁波的探测技术,制造了一个探测引力波的"天线"。他的想法很简单,所谓天线,也不过就是一个铝制的共振大圆筒,见图 5-5-1。

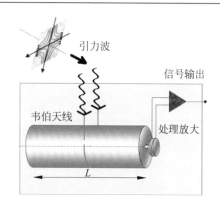

图 5-5-1 韦伯和他的引力波探测器

根据韦伯的想法,引力波会与物体发生作用,因而有可能被探测到。探测天线应该使用一大块质量。当时韦伯建造了一个长 2m、直径 1m、质量 1000kg 的铝质实心圆柱,用细丝将圆柱悬挂起来,这样就能使得振动时的能量损失率很小。人们将这种棒状的(大铝筒)引力波探测器称为"韦伯棒"。根据计算,可得到韦伯棒的固有频率在 500～1500Hz 的范围内,如果引力波的频率跟铝筒的共振频率一致,便会引起它的收缩和拉伸效应。将这种效应通过安装在圆柱周围的压电传感器检测出来,转换成电信号并使用电子线路放大后输出,便可得到相应的引力波的图像。

为了避免地震和其他振动(比如汽车、火车、飞机等)的干扰,韦伯在相距 1000km 的地方放置了两个相同的韦伯棒,只有当两个探测器都同时检测到振动的时候,信号才被记录下来。两个韦伯棒,一个放置在马里兰大学高尔夫球场的洞穴里,一个放在芝加哥的阿贡国家实验室。

1969 年,韦伯宣称他的探测器得到了可靠的结果,立刻引起轰动,他被邀请四处做演讲。那年的韦伯有 50 岁左右,头发花白、精干消瘦,谈起他的引力波实验便激情澎湃,是个颇为受人敬重的学者。当时,韦伯的宣称带动了世界各国各地的科学家,大家都相继建造了类似的铝质圆柱形探测器。为了减小噪声,实验者纷纷采取各种措施改进设备,变换共振棒的制作材料,使用更为复杂的减震、低温、真空等方案以排除干扰。但是,几年下来,这些探测器都没有得到令人信服的探测到引力波的证据。最后人们的结论是认为韦伯搞错了。1973 年在牛津大学及 1974 年在麻省理工学院的两次相对论讨论会上,学者们明确表明了对韦伯引力波实验结果的不信任,认为韦伯误判为引力波的信号是噪声。当时在牛津大学,记者对会议新闻报道的标题就是"再见,韦伯的引力波"。麻省理工学院的那次会议上争论更是激烈,韦伯的学者形象大大受损,双方吵得不可开交,几乎快要动手打起来。最后,据说是会议主持人,麻省理工学院的菲利普·莫里森(Philip Morrison)教授,一个颇富绅士风度的学者,一瘸一拐地走过去,借助于他的拐杖的威力才将怒目相视的两边分开。

韦伯在 1964 年左右也曾经考虑过使用激光干涉仪来探测引力波,但那时候的激光技术太不稳定,不容易控制,因而没有付诸实践。后来,韦伯的学生罗伯特·福尔沃德在加利福尼亚休市研究所的实验室里,建造了世界上第一个利用激光干涉的引力波探测器,但很难得到高灵敏度。因此,韦伯和许多研究者仍然继续不断地制造和改进棒状引力波探测器,认为它们比激光干涉探测器具有更高的灵敏度。

20 世纪 80 年代,随着激光和镜面工艺的进步,基于激光干涉的引力波探测器开始成为研究热点。实际上,从现在的观点来看,不论是哪一类型的探测器,其灵敏度都受限于量子力学中的不确定性原理,称之为量子极限。也就是说,真空中的量子起伏噪声是限制测量灵敏度提高的根本原因。80 年代后期,加州理工学院的杰夫·金布尔(Jeff Kimble)小组研究的压缩态激光突破了这种经典量子真空噪声的极限。不确定性原理的意思是说,相互共轭的两个变量,比如振幅和相位,测量误差的乘积囿于一个不可能同时测准的极限区中,但利用压缩态的光,则可能使得这两个共轭量中的一个压缩到极小的范围,另一个增大,两者的乘积仍然不变,但对被压缩的那个变量,噪声可以减至最小,从而提高测量的灵敏度,有关量子现象的更多介绍请见第八章。

激光干涉引力波探测器有了关键性的突破后，几个国家都相继投资建造了几个大型的新一代激光引力波探测器，包括美国的 LIGO、德国和英国合作的 GEO600、法国和意大利合作的 VIRGO、日本计划中的 KAGRA、澳大利亚计划中的 AIGO 等。

这个领域的风向标转向了激光干涉引力波探测器，只有韦伯的目标仍然始终如一。在后来多年缺乏研究经费的艰难条件下，他还在坚持不懈地研究他的实心棒式引力波探测器，直到 2000 年以 81 岁高龄去世。

不过，后人并没有忘记韦伯对引力波探测的执着和努力。他的实验虽然不成功，却开创了一代先河，激励了许多年轻科学家探测引力波，将他们吸引到这个方向来。实际上，LIGO 创始人之一的索恩，便是当年这些年轻人中的一员。可以说，如果没有韦伯的失败，人类也可能没有这么快就尝到了探测到引力波的喜悦之果。

成功往往是建立在多次失败的基础上。即使是 2015 年引力波事件中的成功者索恩，就曾经有过两次在关于引力波探测的问题上与人打赌：第一次索恩说在 1988 年 5 月 5 日之前将探测到引力波；第二次又说在 2000 年 1 月 1 日之前将探测到引力波。当然两次赌注都输了，不过，2015 年那次他没有玩与人打赌的小游戏，却最终成了举世瞩目的大赢家。

在 2016 年 2 月 11 日的发现引力波新闻发布会上，人们多次提到韦伯的工作。韦伯的遗孀、天文学家特林布尔也被 LIGO 邀请到现场，坐在听众座位的第一排。索恩在发布会后接受记者采访时，评论韦伯说："他的确是这一领域中真正的父辈先驱。"

第六章

黑洞物理

本书中已经多次提到黑洞，本章中我们给予它们一个更为系统的描述。黑洞物理不仅涉及广义相对论，也与量子理论密切相关。由于人类对黑洞的认识还不够，所以在物理的不同领域中对黑洞的理解也略有不同。

我们至少可以从 3 个不同的角度来理解黑洞。从数学上来看，黑洞指的是爱因斯坦引力场方程的奇点解，奇点就是在数学上导致了无穷大。这种意义下的黑洞，更像是一种理想条件下的数学模型。讨论的多是黑洞无毛定理、史瓦西半径、视界等数学定义。而当人们谈到黑洞的物理性质时，多涉及黑洞的热力学性质，诸如黑洞熵、霍金辐射、信息丢失等，这些概念与量子物理关系密切。只有当成功地将经典引力理论与量子理论结合起来，才能对黑洞的物理意义有更深刻、更全面的理解。此外，在天文学中真实观测到的被称为"黑洞"的天体，应该说是理论上认为的所谓黑洞的候选者，对这些天体的研究和观测，对理解黑洞物理极其重要。

史瓦西解和黑洞

卡尔·史瓦西（Karl Schwarzschild，1873—1916）是德国物理学家和天文学家。爱因斯坦建立的广义相对论中的引力场方程，虽然物理思想精辟、数学形式漂亮，但是求解起来却非常困难。史瓦西给出了引力场方程的第一个精确解析解。他首先考虑了一个最简单的物质分布情形：静止的球对称分布。也就是说，史瓦西假设真空中只有一个质量为 m 的球对称天体。那么，引力场方程的解是什么？这种分布情况虽然异常简单，但却是大多数天体真实形状的最粗略近似。史瓦西很幸运，他在特殊情况下将方程简化而得到了引力场方程的第一个精确解。求解引力场方程的目的也就是解出时空的度规，史瓦西得到的解叫做史瓦西度规。

当时正值第一次世界大战，已经年过 40 岁的史瓦西，在服兵役的间隙中作出了这项经典黑洞方面的先锋工作。因而，他迫不及待地将两篇论文寄给了爱因斯坦，并很快就要发表在普鲁士科学院的会刊上。但遗憾的是，史瓦西没来得及看到自己的论文发表，他因病死在了俄国前线的战壕中。

不过，史瓦西的名字，随着他开创性的工作——史瓦西度规和史瓦西半径，永远留在了广义相对论及黑洞的历史上。

首先，我们用第四章中介绍的度规概念理解一下图 6-1-1 中的史瓦西解。如前所述，度规被用来计算时空中微小弧长的平方（ds^2）。从图 6-1-1 可知，史瓦西度规中的第一项与时间的微分 dt 有关，另外两项便是空间部分。史瓦西度规是在球对称物质分布下得到的引力场方程的解析解，因此其空间部分与解析几何中的球坐标看起来颇为类似。事实上，从图 6-1-1 中可以看出，通常所用的球坐标是史瓦西度规在远离球中心时空间度规部分的近似。

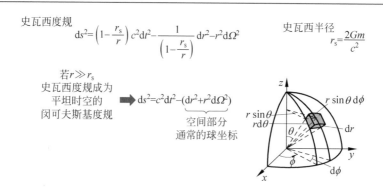

史瓦西度规
$$ds^2 = \left(1 - \frac{r_s}{r}\right)c^2dt^2 - \frac{1}{\left(1 - \frac{r_s}{r}\right)}dr^2 - r^2d\Omega^2$$

史瓦西半径
$$r_s = \frac{2Gm}{c^2}$$

若 $r \gg r_s$
史瓦西度规成为平坦时空的闵可夫斯基度规 ➡ $ds^2 = c^2dt^2 - (dr^2 + r^2d\Omega^2)$

空间部分
通常的球坐标

图 6-1-1　史瓦西度规和球坐标

史瓦西度规中最重要的物理量是史瓦西半径 r_s（$= 2Gm/c^2$）。以上表达式中 G 是万有引力常数，c 为光速，由此可知，史瓦西半径 r_s 只与球体（星体）的总质量 m 成正比。也就是说，对每一个质量为 m 的星体，都有一个史瓦西半径与其相对应。比如说，根据太阳的质量，计算出太阳的史瓦西半径大约是 3km，而地球的史瓦西半径只有 9mm。可以这样来理解太阳和地球的史瓦西半径：如果将太阳所有的质量都压进一个半径 3km 的球中，或者是将整个地球全部挤进一个弹子球中，那么太阳（或地球）就变成了一个黑洞。它们附近的引力场非常巨大，能够将运动到其附近的物质统统吸进去，光线也不能逃逸，因此从外面再也看不见它们。

如此根据质量算出来的史瓦西半径 r_s 在数学上是什么意思呢？我们仍然从图 6-1-1 中史瓦西度规的表达式来理解。可以这么说，史瓦西半径将时空分成了两部分：离球心距离 r 大于史瓦西半径的部分和小于史瓦西半径的部分。如果离球心距离 r 大大地大于史瓦西半径，比值（r_s/r）趋于 0，史瓦西度规成为平坦时空中的闵可夫斯基度规。这是符合天文观测事实的，在远离天体的地方，引力场很小，时空近于平坦。只有在史瓦西半径附近和内部，时空度规才远离平坦，时空弯曲程度急剧增大。

从图 6-1-1 中史瓦西度规的表达式可见,有两个 r 的数值比较特别,一个是 $(r=r_s)$,一个是 $(r=0)$。这两个数值都导致史瓦西度规中出现无穷大。不过,数学上证明,第一个在史瓦西半径处的无穷大是可以靠坐标变换来消除掉的假无穷大,不算是奇点,只有 $r=0$ 处所对应的,才是引力场方程解的一个真正的"奇点"。

史瓦西半径处虽然不算奇点,但它的奇怪之处却毫不逊色于奇点。首先,当 r 从大于史瓦西半径变成小于史瓦西半径,度规中的时间部分和空间部分的符号发生了改变。这是什么意思呢? 好像是时间 t 变成了空间 r,空间 r 变成了时间 t。这对我们习惯使用经典时间空间观念的脑袋而言,是无法理解的。也许我们可以暂时不用去做过多的"理解",只记住一句话:"史瓦西半径以内,时间和空间失去了原有的意义"。我们也没有必要对史瓦西半径以内的情况做更多的想象,因为我们无法活着到达那里,根本不知道在那儿发生了什么? 并且现在看起来,我们永远也不可能真正切身用实验来检验那儿时空的奇异性。那是一个界限,是等同于许多年之前米歇尔和拉普拉斯称之为光也无法逃脱的"暗星"的界限。当初的牛顿力学只能预测说,如果质量集中在如此小的一个界限以内,光线也无法逃逸,外界便无法看到这颗"暗星"。而根据广义相对论,除了无法逃逸之外,还带给我们许多有关时间空间的种种困惑,也许这些困惑的解决能给予我们对时间和空间的更深刻的认识,从而促成物理学的新革命,促成引力理论和量子理论的统一。

总而言之,史瓦西度规虽然有奇怪的结果,但实际上却非常简单,简单到就是一个半径和被该半径包围着的一个奇点。因为在这个半径以内,外界无法得知其中的任何细节,我们将其称之为"视界"。视界就是"地平线"的意思,当夜幕降临,太阳落到了地平线之下,太阳依然存在,只是我们看不见它而已。对一个太阳质量的星体,如果因为某种原因,将其所有的质量都压缩到了半径小于 3km 的球体中,那么任何东西都逃不出来,即使是光线。对外界的观察者而言,这个星体完全变成"黑"的,于是物理学家惠勒给它起了一个名字:"黑洞"。

2.

黑洞无毛

引力场方程的精确解不止史瓦西度规一个。因此,基本的黑洞种类也不仅仅只有史瓦西黑洞。

如果所考虑的星体有一个旋转轴,星体具有旋转角动量,这时候得到的引力场方程的解叫做"克尔度规"。克尔度规比史瓦西度规稍微复杂一点,有内视界和外视界两个视界,奇点也从一个孤立点变成了一个环。

比克尔度规再复杂一点的引力场方程解,称为"克尔-纽曼度规",如图 6-2-1 所示。它是当星体除了旋转之外还具有电荷时而得到的时空度规。对应于这几种不同的度规,也就有了 4 种不同的黑洞:无电荷、不旋转的史瓦西黑洞;带电荷、不旋转的纽曼黑洞;旋转、无电荷的克尔黑洞;旋转、带电的克尔-纽曼黑洞。

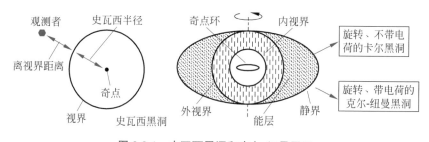

图 6-2-1　史瓦西黑洞和克尔-纽曼黑洞

这些黑洞都是人们根据引力场方程得到的精确解。少数物理学家和天文学家从 20 世纪 30 年代就开始考虑恒星的引力坍缩问题,认为在一定的条件下,天体最后的归宿有可能是"黑洞"。但是,爱因斯坦和艾丁顿等人当时却不愿意接受这种

"怪物"，不承认这些解是对黑洞的预言。当年艾丁顿在爱因斯坦的支持下对年轻学子钱德拉塞卡的打压便是一个典型的例子。钱德拉塞卡在 28 岁时研究引力坍缩，得到钱德拉塞卡极限，作出他一生中的最重大成果，却直到 73 岁时才因此成果而获得诺贝尔物理学奖。在 1939 年，爱因斯坦还曾经发表一篇与广义相对论相关的计算文章，解释了史瓦西黑洞在宇宙空间中不可能真实存在[21]。

　　尽管爱因斯坦早年不承认存在引力波，也不认为宇宙中会真有黑洞，但人们还是固执地将这两项预言的荣耀光环戴在他的头上，因为这是从他的广义相对论理论导出的必然结果。爱因斯坦去世后，黑洞的研究风行一时。20 世纪 60 年代开始，大多数物理学家开始认真地看待黑洞，开始了黑洞研究的黄金时代。活跃在当年"黑洞研究"学术界的，是三位主要的带头人和他们的徒子徒孙。这三位物理学家是美国的约翰·惠勒、莫斯科的雅科夫·鲍里索维奇·泽尔多维奇（Yakov Borisovich Zel'dovich，1914—1987）和英国的丹尼斯·夏玛（Dennis Sciama，1926—1999）。惠勒是诺贝尔奖得主费曼的老师，夏玛是霍金的指导教师。

　　20 世纪 80 年代初，笔者到美国得克萨斯州奥斯丁大学的物理系相对论中心读博士，当时那里荟萃了研究广义相对论和引力的好几位大师级人物，惠勒和夏玛都在其中，还有引力量子化的奠基人布莱斯·德威特（Bryce DeWitt），以及属于年轻一辈的菲利普·凯德拉（Philip Candelas）等。之后又来了诺贝尔奖得主，写《最初三分钟——关于宇宙起源的现代观点》一书的温伯格（Steven Weinberg）教授。

　　我的指导教授，布莱斯·德威特的夫人塞西尔·德威特（Cecile DeWitt）是数学物理方面的专家，是我国著名物理学家彭恒武早年在都柏林的学生[22]，我跟她做引力波的黑洞散射问题。虽然那时候，黑洞研究的黄金时代已经过去，但几位教授和他们的学生仍然在为统一引力和量子理论而奋发努力。在这样的强"引力"环境下，当时大家对引力波和黑洞的存在，没有什么可怀疑的。事实上，在过去 100 年间，广义相对论已经通过了许多观测事实的考验，类似黑洞性质的天体的存在，也是主流天文界的共识。

后来笔者读博士后的时候,在奥斯丁大学的超短脉冲实验室工作了 3 年。有意思的是,当时和笔者一起工作的两个博士学生中的一个,便是这次 LIGO 宣布引力波消息的 LIGO 负责人,大卫·瑞兹(David Reitze)。我们还曾经合作发表过论文[23]。

在奥斯丁和惠勒一起工作的经历使我受益匪浅。记得惠勒平时的言语中充满哲理:没有定律的定律、没有物质的物质。惠勒总是善于用形象而发人深省的词汇来命名物理学中的事物,黑洞的名字便是典型例子。后来,他又提出并命名了"黑洞无毛定理",见图 6-2-2。

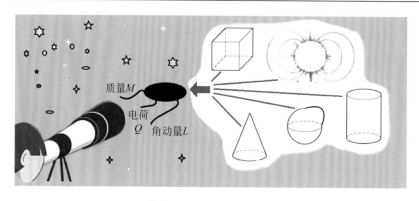

图 6-2-2 黑洞无毛定理

据说黑洞这个词以及黑洞无毛的说法,一开始被专业人士抵制,认为它暗含了某种淫秽的意义,有伤风化,难登科学理论的大雅之堂。但社会大众的反应有时候是科学家们难以预料的。人们欣然地接受并喜爱这两个词汇,没人笑话,也很少有人往歪处去想。反之,这两个词汇催生了不计其数的科幻作品,让神秘高雅的科学概念走向普通民众。事实证明,那些莫名其妙的"抵制"只是庸人自扰。

黑洞无毛定理,是对经典黑洞的简单性叙述。也就是说,无论什么样的天体,一旦坍缩成为黑洞,它就只剩下电荷、质量和角动量三个最基本的性质。质量 M 产生黑洞的视界;角动量 L 是旋转黑洞的特征,在其周围空间产生涡旋;电荷 Q 在黑洞周围发射出电力线,这三个物理守恒量唯一地确定了黑洞的性质。因此,也有人将此定理戏称为"黑洞三毛定理"。

物理规律用数学模型来描述时,往往使用尽量少的参数来简化它。但这里的"黑洞三毛"有所不同。"三毛"并不是对黑洞性质的近似和简化,而是经典黑洞只有这唯一的 3 个性质。原来星体的各种形状(立方体、锥体、柱体)、大小、磁场分布、物质构成的种类等等,都在引力坍缩的过程中丢失了。对黑洞视界之外的观察者而言,只能看到这 3 个(M、L、Q)物理性质。

3.

霍金辐射

上面介绍的"无毛"黑洞,是不考虑量子效应的、广义相对论的几个精确解所描述的经典黑洞。如果从热力学和量子的观点来考察黑洞,情况就复杂多了。

雅各布·贝肯斯坦(Jacob Bekenstein,1947—2015)是惠勒的学生,他首先注意到黑洞物理学中某些性质与热力学方程的相似性。特别在 1972 年,史蒂芬·霍金证明了黑洞视界的表面积永不会减少的定律之后,贝肯斯坦提出了黑洞熵的概念。他认为,既然黑洞的视界表面积只能增加而不会减少,这点与热力学中熵的性质一致,因此就可以用视界表面积来量度黑洞的熵[24]。

这在当时被认为是一个疯狂的想法,遭到所有黑洞专家的反对。因为当年的专家们都确信"黑洞无毛",它可以被 3 个简单的参数所唯一确定,那么黑洞与代表随机性的"熵"应该扯不上任何关系。唯一支持贝肯斯坦疯狂想法的黑洞专家是他的指导教师惠勒。在我读理论物理学史所得到的印象中,惠勒似乎总是支持任何疯狂的想法。当年惠勒的另一个学生:休·艾弗雷特(Hugh Everett Ⅲ,1930—1982),也是在惠勒的支持下,因提出量子力学的多元世界诠释而著名。惠勒自己就曾经有过许多疯狂的念头。惠勒最著名的学生费曼曾经这样说:"有人说惠勒晚年陷入了疯狂,其实惠勒一直都疯狂。"

于是,贝肯斯坦在老师的支持下建立了黑洞熵的概念。然而随之带来一个新问题:如果黑洞具有熵,那它也应该具有温度;如果有温度,即使这个温度再低,也就会产生热辐射。其实这是一个很自然的逻辑推论,但好像与事实不符。不是说任何物质都无法逃逸黑洞吗?怎么又可能会有辐射呢?但当时的贝肯斯坦毕竟思想还"疯狂"得不够,他并没有认真去探索黑洞有无辐射的问题,而只是死死咬住"黑洞熵"的概念不放。

还是霍金的脑子转得快。其实,最早认识到黑洞会产生辐射的人并不是霍金,而是莫斯科的泽尔多维奇。霍金从与贝肯斯坦的争论中,以及泽尔多维奇等人的工作中得到启发,意识到这是一个将广义相对论与量子理论融合在一起的一个开端。于是,霍金进行了一系列的计算,最后承认了贝肯斯坦"表面积即熵"的观念,提出了著名的霍金辐射[25]。

霍金辐射产生的物理机制是黑洞视界周围时空中的真空量子涨落。根据量子力学原理,在黑洞事件边界附近,量子涨落效应必然会产生出许多虚粒子对。这些粒子、反粒子对的命运有3种情形:一对粒子都掉入黑洞;一对粒子都飞离视界,最后相互湮灭;第三种情形是最有趣的:一对正反粒子中的一个掉进黑洞再也出不来,而另一个则飞离黑洞到远处形成霍金辐射。这些逃离黑洞引力的粒子将带走一部分质量,从而造成黑洞质量的损失,使其逐渐收缩并最终"蒸发"消失(图 6-3-1)。

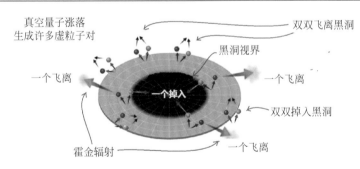

图 6-3-1 真空涨落产生霍金辐射

霍金辐射导致了所谓的"信息丢失悖论",对此,专家学者们至今仍旧在不断地争论和探讨中。首先,黑洞由星体坍缩而形成,形成后能将周围的一切物体全部吸引进去,因而黑洞中包括了原来星体的大量信息。而根据"霍金辐射"的形成机制,辐射是由于周围时空真空涨落而随机产生的,所以并不包含黑洞中任何原有的信息。但是，这种没有任何信息的辐射最后却导致了黑洞的蒸发消失，那么原来星体的信息也都随黑洞蒸发而全部丢失了。可是量子力学认为信息不会莫名其妙地消失。这就造成了黑洞的信息悖论。

此外，产生"霍金辐射"的一对粒子是互相纠缠的。处于量子纠缠态的两个粒子，无论相隔多远，都会相互纠缠，即使现在一个粒子穿过了黑洞的事件视界，另一个飞向天边。似乎没有理由改变它们的纠缠状态。

为解决信息悖论，黑洞专家们发起了一场"战争"，在美国斯坦福大学教授伦纳德·萨斯坎德(Leonard Susskind, 1940—　　)的《黑洞战争》一书中，对此有精彩而风趣的叙述[26]。

黑洞信息悖论的实质是广义相对论与量子理论的冲突。只有当有了一个能将两者统一起来的理论，才能真正解决黑洞悖论的问题。

宇宙中的恒星黑洞

理论物理学家们从广义相对论和热力学、量子理论的角度深刻探讨黑洞的本质,天文学家们则充分利用他们拥有的观测手段,在茫茫宇宙中寻找黑洞,或者说行为类似黑洞的天体。

这种寻找过程的确犹如大海捞针。但针是金属,表面会反光。然而黑洞呢,它们不断吸入周遭的物质,却从不放出任何信息。虽然理论上有霍金辐射,但却十分微弱,实际上完全无法探测到。利用光和电磁波的反射、折射、吸收等性质是天文探索的基本手段。由此可见,寻找黑洞是难上加难。

寻找的范围当然是越近越好。但是,我们的太阳系中不像有黑洞存在。正如我们在前面几章中所介绍的,大多数天体物理学家认为黑洞是恒星演化多年之后的归宿之一。那么,我们就将眼光瞄准太阳之外的老年恒星。也许你会说,对呀,恒星老死后不是就变成黑洞了吗? 不发光没有关系啊,只需要在夜空中寻找那种有运动、有引力的暗黑天体就可以了。但任何事都是说起来容易做起来难。要知道黑洞的质量虽大,体积却非常小。一个 10 倍于太阳质量的恒星,坍缩成黑洞之后只有 30km 大小,我们从地球上观测这颗太阳系之外的星体,视角之小,就像登上月球的太空人观测地球人的一根头发一样,这是目前的观测工具无法达到的精度。

当年的几位黑洞专家中只有莫斯科的泽尔多维奇热衷于在宇宙中寻找真正的"黑洞天体"。泽尔多维奇提出通过观察双星系统来寻找黑洞。这看起来是个不错的想法,因为在双星系统中,如果一个是看不见的黑洞,另外一个是明亮的普通恒星的话,黑洞的巨大质量必然会明显地影响另一颗星体的运动。此外,根据天体物理学家们的研究结果，如果一颗明亮恒星和一个黑洞（或中子星）组成了双星系统，黑洞的强大引力会从其伴星捕获大量气体形成吸积盘，并将盘中气体加热至高温而发射出大量 X 射线。所以，这种在可见光范围内"一亮一黑"的双星系统，在 X 射线范围内则是反过来：普通恒星是强光源、弱 X 射线源，而黑洞则是一个强大的 X 射线源。

正是根据对这种包含一个黑洞伴星的双星系的"双重"观测，让我们发现了不少黑洞候选者。也就是说，同时接受双星系的可见光和 X 射线。

第一个被认为是黑洞候选星体的强 X 射线源是天鹅座 X-1，它还使得霍金和物理学家基普·索恩为此打赌，前者说不是黑洞，后者说是黑洞，最后以霍金签字、按手印认输而结束。

这种因为恒星坍缩而形成的黑洞叫做"恒星黑洞"，它们的质量比太阳稍大，或者差不多是同一个数量级。据天文学家估计，这种黑洞存在于宇宙空间的各个角落。就银河系而言，应该有超过 1000 万个。但是，要真正完全确定哪些是黑洞、哪些不是，不是一个简单的任务。

即使是在双星系统中，只靠观察到图 6-4-1 所示的吸积盘和 X 射线喷流，还不

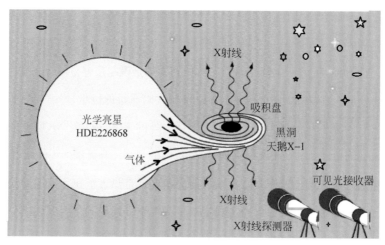

图 6-4-1　亮星和黑洞组成的双星系统

能确定就一定是黑洞,因为这两个现象对中子星也存在。区别黑洞和中子星的关键是这个星体的质量与大小。如何给黑洞"称重"和"量身"呢? 这些都是天文学中的难题,我们在此不作详细介绍了,有兴趣的读者请参考相关的书籍。

双星系统中的黑洞并非永远都是一个强 X 射线源。它辐射一段时间之后,往往需要沉睡一段时间,等待从伴星中吸积到了足够多的气体之后,才产生下一次的高能辐射。比如说,离太阳系 7800 光年的天鹅座 V404 黑洞,就在休眠了 26 年之后,于 2015 年初醒来了十几天时间,吸积盘大爆发,成为那几天最明亮的 X 射线爆发源,被日本天文学家首先观察到。

超大黑洞和极小黑洞

　　除了恒星级的黑洞外,还有质量非常巨大的超大质量黑洞($10^5 \sim 10^{10}$ 倍太阳质量)和质量很小的微型黑洞。超大质量黑洞通常存在于星系的中心。在微型黑洞的尺度,量子力学效应扮演了非常重要的角色,所以又将它们称为"量子黑洞"。或称为"原生黑洞",是科学家们提出的一种假想黑洞。它们并不是由恒星坍塌而形成,是在大爆炸早期的宇宙高密度环境下产生。理论上,这种另类黑洞比普通黑洞更小,体积可以只有原子大小,质量却相当于一座山(大于 10 亿 t)的原生黑洞。天文上暂时尚未观测到这类黑洞,因此我们不作更多的讨论。

　　恒星黑洞是由理论物理学家预言,天文学家刻意寻寻觅觅才最终被观察到的。超大质量黑洞的发现过程却完全可以说是一个意外。它们的发现与射电天文学的发展紧密相关。

　　根据目前天文界的共识,认为在很多星系中心,存在质量巨大的超大质量黑洞。比如说,我们所在银河系的中心,就有一个非常光亮及致密的无线电波源——人马座 A*。这颗星的位置就很有可能是离我们最近的超大质量黑洞的所在。

　　人马座 A* 正式被发现和被命名是 20 世纪 70 年代的事,但对那个位置处的无线电波源的观测却可追溯到 20 世纪 30 年代。上一节中介绍过,双星系中的恒星黑洞一般是一个强大的 X 射线源。星系中心暗藏着的巨型黑洞除了辐射 X 射线之外,还辐射大量无线电波。那是因为这种黑洞一般带有电荷,并且围绕中心高速旋转,在其周围形成了一个异常强大的磁场。

　　实际上,天文学家从天体接收到的可见光、X 射线、无线电波都属于电磁波。

只不过因为其频率的不同而给了它们不同的名称而已。当然,最重要的原因是因为频率不同而使得所用的接收仪器不同。这其中可见光的频率范围为 $3.9\times10^{14}\sim8.6\times10^{14}$ Hz。X 射线的频率高于这个范围,大约是可见光的 1000 倍。无线电波的频率则低于这个范围。根据接收方法的不同,观测可见光的设备叫做光学望远镜,用无线电波来探测星体的研究则叫做射电天文学。

卡尔·央斯基(Karl Jansky,1905—1950)是一位美国无线电工程师,可算是射电天文学先驱。他于 1932 年首先发现了来自银河系中心的无线电波。当时有一位美国业余天文学家格罗特·雷伯(Grote Reber,1911—2002),得知了央斯基的工作后,对探索这个靠近银河系中心的无线电波源产生了极大的兴趣,决定在这个领域深入研究。他想进入当时央斯基所在的贝尔实验室,但因为正值大萧条时期,他没有得到任何职位。雷伯锲而不舍,决定在自己的家乡、靠近芝加哥的惠顿镇的母亲住所的后院建立一个私人的无线电望远镜。这个望远镜于 1937 年完工,据说设计的比央斯基在贝尔实验室的更先进,见图 6-5-1。

图 6-5-1　雷伯和他在母亲后院建造的望远镜

他用这个仪器重做了卡尔早期的工作并进行了一些简单的研究,在 1938 年成功地使用 160×10^{6} Hz 确认了央斯基的发现。

两位射电天文学家虽然最早观测到了来自银河系中心的无线电波,但并不知道它是如何产生的,也完全不知道银河系中心有"超大质量黑洞"一说。依赖于越来越精确的现代天文观测和测量技术,以及黑洞物理理论的发展,人们才逐渐认识到,原来我们星系的中心处,就是一个天体物理学家"众里寻他千百度"的黑洞。据专家们估计,这个黑洞的质量大约为太阳质量的 400 万倍。

超大质量黑洞有两个与我们概念中的黑洞印象有点不同的性质。首先,它们虽然质量巨大,但实际上平均质量密度并不大。因为,根据黑洞视界半径的计算公式: $r_s = 2GM/c^2$,可得到平均质量密度 $\rho = 3M/4\pi r_s^3$,最终结果是,ρ 反比于质量 M 的平方。所以,质量超大的黑洞的平均密度可以很低,甚至比空气的密度还要低。

超大质量黑洞的另一个特点是,在视界附近的潮汐力不是像通常想象得那么强大。因为视界范围很大,中央奇点距离视界很远。有多远呢? 视界半径是和质量成正比的,太阳质量缩进一个黑洞的时候,视界半径为 3km,那么银河系中心的黑洞质量是 400 万个太阳质量,这个巨大质量的黑洞的史瓦西半径就应该等于 3km 的 400 万倍,即 1200 万 km 左右。那么,是不是这种超大质量黑洞就不是我们想象的那么危险和可怕呢? 也未必见得,如果真是黑洞的话,进去了出不来可不是好玩的! 不过好在它们都距离我们太阳系远远的,暂时对人类没有任何危害。另外,根据天体物理学家们的研究结果,星系中心的巨大黑洞可能对维持星系的稳定性有一定的作用。图 6-5-2 所示的是超大质量黑洞的结构简图。

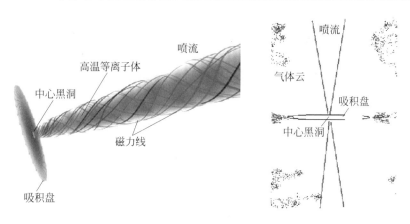

图 6-5-2　星系中心的超大质量黑洞

双黑洞和引力波

前面几节中，我们从爱因斯坦方程的精确解出发，介绍了黑洞的基本分类。LIGO 在 2015 年 9 月 14 日探测到的引力波的波源是两个旋转的克尔黑洞。因此，这个探测到引力波的事件也同时间接地确认了这两个黑洞是宇宙空间中的真实存在。

20 世纪 60 年代，天文学中有 4 个重大的发现：星际有机分子、微波背景辐射、脉冲星和类星体。这 4 个发现都是由研究射电天文方法探测到的无线电波而得到的结论。星际有机分子的发现有助于人类深入了解星云，也有可能由此揭开生命起源的奥秘。其余的 3 个发现都与"引力"有关，也就是说，直接或间接地为 100 年之前爱因斯坦建立的广义相对论提供了实验观测的证据。

半个世纪之前被两位美国工程师所观察证实的微波背景辐射，为基于广义相对论来描述宇宙的诞生和演化过程的大爆炸模型提供了十分重要的依据。微波背景辐射使宇宙学成为一门精准的实验科学，对微波背景辐射图细节的分析和研究至今仍方兴未艾，详情在本书的后面章节中还会介绍。

脉冲星实际上是中子星，即核心由中子构成。广义相对论建立之后，天体物理学家们也用这个理论来研究恒星的演化过程，恒星的生命历程是与其质量大小紧密相关的，本质上也就是与引力相关。诸如太阳大小的恒星，寿命大约为 100 亿年。我们的太阳正值中年，或者说，大约再过 50 亿年之后，太阳会爆发成红巨星，然后冷却成为白矮星，最后有可能变为黑矮星。但质量超过 3 倍太阳的恒星命运与太阳不一样了，它们在爆发成红巨星和超新星之后，因为自身强大的引力，它们最后将"坍缩"成中子星或黑洞。脉冲星在1967年10月，被休伊什和他的女研究生贝尔发现。

类星体为什么叫类星体呢？这是因为如果用光学望远镜观测它们的外貌，看起来与恒星（星体）似乎没有任何区别。但是，观察到的它们的"红移"值非常大，又不可能是恒星，因此便被称为"类星体"。从类星体的红移值来看，它们更像是星系。从类星体的光度变化周期来判定它们的大小发现其大小却远远小于一般星系的尺度。类星体的尺度虽小辐射能力却相当大。另外还有一些难以解释的特点，以及后来大量的观测数据，使得人们将它们与黑洞联系在一起。

之后，发现了类星体的宿主星系后，天文学的主流观点基本上认为类星体是年轻而活跃的星系核，是星系发展早期的一段过程，叫做"活动星系核"（active galary nucleus，AGN）阶段。而在星系核的中心，是一个巨大的超大质量黑洞。在黑洞的强大引力作用下，一些尘埃或恒星物质围绕在黑洞周围，形成了一个高速旋转的吸积盘。外部的物质被吸进吸积盘，而卷入到黑洞视界以内的物质则不停地掉入黑洞里，被黑洞吞噬，巨大的物质喷流从与吸积盘平面相垂直的方向高速喷出，同时伴随着大量的能量辐射。类星体最后将会演化成如同我们银河系这样的旋涡星系，或者是椭圆星系。

最有意思的是，后来天文学家们观察到一些拥有两个超大质量黑洞的类星体，这大大激发了人们的兴趣。黑洞既然会吞噬周围的一切，那么两个黑洞碰到一起会发生什么呢？最简单、最直观的猜测应该是：它们将互相吞噬，最后合并成一个更大的黑洞。在这个碰撞融合的过程中，一定会以引力波的形式释放大量能量，见图6-6-1。

第一个在吸积盘内发现有双超大质量黑洞的类星体是位于室女座的PKS1302-102，它距离地球35亿光年。这个类星体位于一个椭圆星系内。根据计算，这两个黑洞应在33.39亿年前就已经互相吞噬、合并了，但合并后的景象传到我们这里需要35亿年。这些光信息还在半途中，因而我们仍然观测到"双黑洞"。不过，从现在开始，从这个类星体接收到的信息应该是非常精彩的，能让我们看到

图 6-6-1　双黑洞类星体

（a）双黑洞系统，例如：PKS 1302-102；（b）碰撞合并发出巨大的引力波

两个黑洞如何碰撞、合并。

此外，除了光信号之外，还有引力波，这是爱因斯坦在天国里也要"梦寐以求"的东西。根据天体物理的理论，引力波按照光速传播，那么碰撞合并事件中的引力波应该可以被探测到。于是，双黑洞的类星体或者其他类型的双黑洞体系，便成为探测引力波的热门候选天体。近几年，美国 LIGO 的观测目标便指向了这类天体。美国花费巨资升级的 LIGO 还没有正式投入运转，就接收到了双黑洞碰撞融合时发出来的引力波。

单个旋转的黑洞可以用克尔度规来描述，但如果是两个黑洞纠缠在一起旋转融合，就不可能用引力场方程的精确解来描述了。造成这种复杂性的原因之一是因为引力场方程是非线性的，不能使用线性方程解的叠加原理。不过，在这种时候，天体物理学家们往往是借助于现代计算技术的强大威力，用计算机来模拟两个克尔黑洞互相融合的过程。图 6-6-2 便是从计算机模拟得到的两个黑洞碰撞并融合过程的示意图。

如何判定 GW150914 事件接收到的引力波是真正来自两个黑洞并合的过程呢？

如图 6-6-3 所示，双黑洞系统的演化包括 3 个阶段：旋近（inspiral）、合并

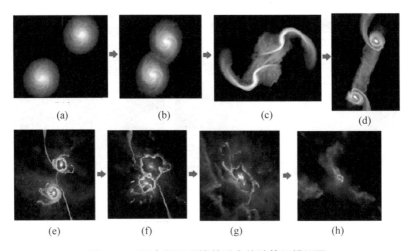

图 6-6-2　两个黑洞碰撞并融合的计算机模拟图

（a）靠近；（b）吸盘碰撞；（c）碰撞后；（d）核心分开；（e）引力吸引；

（f）黑洞碰撞；（g）合二为一；（h）新星系

（merger）和铃振（ring down）阶段。当两个黑洞互相靠近时，发射出的引力波的频率逐渐增加，合并时增至最大。后来，并成了一个克尔黑洞之后，系统的四极矩减小，因而发射引力波的能力也很快减小，使得引力波的振幅减小，进入铃振阶段，并且引力波很快就消失了。因为理论上证实，一个单独的旋转黑洞只有偶极矩，没有四极矩，不会辐射引力波。另外，从图 6-6-3（b）中可以看到，引力波的实验数据与双黑洞的相对论数值计算结果符合得很好，有足够的理由认定这是两个天体互相靠近融合的过程。两个天体也可以是中子星或别的，为什么一定是黑洞呢？这可以从图 6-6-3（c）中给出定性的解释。从图中可见，黑洞的运行速度随着时间的增大而急剧增大，它们之间的距离则急剧减小。根据它们靠近的距离以及各自的质量，可以分别计算出它们的密度和大小，从而得出结论，只有两个尺寸小、质量大的黑洞才符合这种运动状态。

我们在本章开始时曾经说过，不同领域的科学家对黑洞有不同的理解。造成这些不同理解的原因，实际上是因为我们对黑洞的本质还知之甚少。GW150914

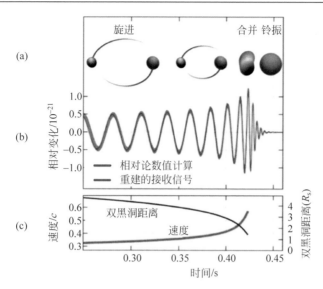

图 6-6-3　双黑洞系统在不同阶段随时间的演化图（来源于 LIGO 所发文章）
（a）双黑洞靠近合并成一个黑洞的过程；
（b）引力波（理论和实验比较）；（c）黑洞速度及间隔随时间的变化

事件对引力波的探测结果以及今后朝这个方向的进一步研究，将有助于深化我们对黑洞物理性质的认识。此外，对两个黑洞碰撞融合过程的研究，也必定能得到大量有用的信息。对黑洞的这 3 个不同方向的深入研究，也许能促成量子理论与引力理论的统一，对基础物理学的研究意义将十分重大。这也就是为什么人们认为，这次探测到引力波，在物理学上有着里程碑式的作用。

第七章

哈勃定律

爱因斯坦曾说："关于宇宙最不可理解的是，它居然可以被理解！"此言精辟之至，令人印象深刻。

欲上九霄揽银河，浩瀚星海任遨游

哈勃是一个传奇式的人物[27]，他一生的作为，总和"明星"联系在一起。众所周知，哈勃是研究天上的星星的"星系天文学"之父。在美国加利福尼亚州的威尔逊山上，他叼着烟斗"看星星"；在山下距离不远处的好莱坞，他是影星们心目中的英雄和偶像；鲜为人知的是，哈勃自己就是一个多方面的体育明星。年轻时候，他在篮球、网球、橄榄球、跳高、铅球、射击等许多项目上都有着突出的成绩。

哈勃生于美国密苏里州一个普通保险从业员的家庭。在芝加哥大学学习数学和天文时，他就因作为一名重量级拳击运动员而闻名全校。1919 年，他参加的芝加哥篮球队获得冠军(图 7-1-1(c))。后来，他遵循父亲的愿望，到英国牛津大学学习法律，在那里他也是作为体育明星而著名，还曾经在一场表演赛中与法国拳王冠军交手。

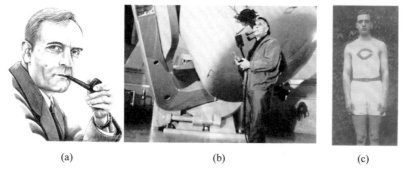

(a)　　　　　　　　(b)　　　　　　　　(c)

图 7-1-1　传奇人物哈勃

（a）哈勃；（b）在威尔逊山天文台；（c）1919 年芝加哥大学篮球冠军

不过，在广泛的兴趣中，哈勃最热衷的事情还是天上的星星和隐藏在茫茫夜空中的秘密，这个愿望在他从芝加哥大学获得了天文学博士并受聘于威尔逊山天文台之后得以实现。

看中哈勃的是当时美国著名天文学家乔治·海尔(George Hale，1868—1938)。海尔的生平也不简单，他出生于芝加哥，从小表现出对天文观测的浓厚兴趣。海尔的父亲是一个颇为成功的电梯商人，十分重视对儿子的教育，并且尽力支持儿子的事业。海尔从麻省理工学院毕业后便希望建立自己的天文台，老海尔为了鼓励儿子，赞助他在芝加哥海德公园自己住所的顶楼上安装了一台 12in① 的望远镜进行天文观测。心高气傲的海尔出任芝加哥大学的教授之后，梦想建立一个世界最顶级的天文台。这时候父亲的赞助已经满足不了他的胃口，因而父亲只能在 1896 年送了他一块口径 60in、厚度 7.5in、重 860kg 的大玻璃。8 年之后，海尔获得卡耐基研究所的一笔基金，开始请人用这块玻璃研磨望远镜的镜面，准备在旧金山建造天文台。1906 年，刚研磨好的玻璃还差一点就毁于大地震。后来，这架望远镜于 1908 年 12 月 8 日在威尔逊山天文台正式启用，算是当时世界上最大的望远镜。

海尔善于言辞，说话颇能鼓动人心，擅长向富商筹集经费，因而促成了好几个大型天文台的建立。他于 1904 年至 1923 年出任威尔逊山天文台的台长，并慧眼识英雄，注意到了哈勃的天文观测才能，于 1919 年聘用了哈勃。

哈勃来到威尔逊山天文台时，海尔已经在那里安装了世界上最先进的天文观测仪器，特别是一台口径为 2.5m 的胡克望远镜。这是海尔苦口婆心说动洛杉矶富商胡克掏钱建造的。这架望远镜为哈勃立下了不少汗马功劳。哈勃是海尔四处劳苦奔忙求赞助的最大受益者，他使用胡克望远镜，确定了许多原来观测记录的所谓"星云"，实际上是银河系外的星系。这个结论让天文学家们大开眼界，真正认识了宇宙的尺度之大，并且后来的成果不断涌现。

天上的星星有不同的星等，哈勃根据星系的星等计算出它们离地球的距离。离威尔逊山下不远的洛杉矶的好莱坞，也聚集了各种不同"星等"的明星。难得有

---

① 1in＝2.54cm

科学家像哈勃这样,成为明星们崇拜的"科学明星"。他那高高的运动健将似的身材、口叼烟斗的潇洒绅士风度和说话时的英国口音吸引了众多电影界大腕,如大名鼎鼎的卓别林、导演弗兰克·卡普拉、女星海伦·海斯等,都成了哈勃的好朋友。驱车上山参观天文台上哈勃的望远镜,成了明星们当年的时尚。

　　人类观天的能力是随着望远镜技术的改变而进步的。当我们用肉眼仰望天空,能看见一颗一颗的星星,也会看见一片一片的"星云"。因此,星云最开始是人们对分辨不清楚的星群的称呼。后来人们却发现,最初称之为"星云"的东西,有些是真正的气体及尘埃形成的"云",有些实际上是很多星星聚集在一起形成的,貌似云而不是云。在哈勃的年代,人们对银河系已经有了比较明确的概念,但后来发现了不少的"旋涡星云",它们使天文学家们困惑不解:这些旋涡星云是否仍然属于银河系呢? 还是独立于河外的其他"岛宇宙"? 大家观点不一,莫衷一是。

　　要解决这个旋涡星云之谜,关键问题是测量这些星云与地球的距离。本书的第五章第 1 节中,简单介绍过天文学中测量距离的方法,天体离地球越远,直接测量其距离就越困难。对远处星云距离测量的关键,是要使用某种方法预先估计出其中某些天体的真实发光能力,即绝对星等。这里再重温一遍第五章第 1 节中提到过的绝对星等 M 的定义:把天体放在约 32.616 光年处观测到的视星等。或者说,如果能在一片星云中找出一个"标准烛光",测量出它的视星等 m,就能够根据公式:$M=m+5-5\lg D$,估算出星云离我们的大概距离 D。

　　造父变星可以作为星云的一种标准烛光。什么是造父变星呢? 这又得从变星讲起。

　　大多数星星的亮度比较固定,或者说,变化时间相当长。但有一部分星星的亮度,在我们所观测到的时间范围(比如几天到几十天)内有明显变化,被称为"变星"。其亮度变化的原因基本有两种,一种是外部运动造成观察时亮度变化的假象,比如双星互绕时形成周期性的相互遮掩。第二种则是来自于恒星内部某种复杂的物理演化机制,使得它们的电磁辐射过程不稳定,比如说恒星体积周期性膨胀、收缩造成的光度变化。

造父变星是一种亮度随时间呈周期性变化的变星。这个古怪的名字来自于中国古代的一个人名，指的是历史上一个善于驯马的能人。后来，"造父"又变成了星官名。星官是中国古人对星座的叫法，他们将仙王座中的δ星叫做"造父一"。"造父一"作为恒星很早就被观测到，但作为变星，却是直到1784年才被英国聋哑青年天文学家古德里克发现。造父一的亮度按照周期变化：增亮，变暗，再增亮，再变暗，大约5.366 34天一个周期。后来人们又发现了许多与造父一类似的变星，因此就将这一大类恒星称为"造父变星"。造父变星的光变周期有长有短，大多在1～50天之间，也有少数上百天的。大家熟悉的北极星也是一颗造父变星。

1912年，美国女天文学家亨里埃塔·莱维特研究大麦哲伦星云中的25颗造父变星，发现了一个非常重要的规律：它们的光变周期与它们的亮度成正比。上面的说法也被称为"造父变星周光关系"。莱维特得到的周光关系中，"亮度"本来指的是25颗造父变星的"视星等"，但是却可以认为它们等同于"绝对星等"。为什么呢？因为这25颗造父变星属于同一个星云，它们与地球的距离可以当作是相同的。在同样的距离下，视星等也就反映了真实的发光能力。因此，周光关系一般可以被表述为：同一类造父变星的绝对星等 M 与光变周期 P 成正比。

从天文学中已经观察到的造父变星的数据，可以得到它们的周光关系曲线。然后，对某个未知距离的造父变星，你只要观测到了它的光变周期，将周期的数据放到周光关系曲线中去，就可以知道它实际应该有多亮，也就是知道了它的绝对星等。但是，你观测到的视星等不一定刚好等于这个绝对星等，根据视星等和绝对星等的差距，便可以算出它与地球的距离。再进一步，星系中某个造父变星到地球的距离，也就代表了其所在的星团或星系到地球的距离。因此，造父变星被人们誉为"量天尺"。

哈勃用胡克望远镜拍摄了一批旋涡星云的照片，并在这些星云的外围区域中辨认出了许多造父变星。哈勃兴奋无比，有了这些量天尺，就不难算出这些星云与地球的距离了。知道了距离，也就能判定它们究竟是位于银河系以内还是以外，因为当时测定的银河系直径约为10万光年。

1925年元旦，哈勃在美国天文学会的一次会议上宣读了自己的一篇论文，宣布他用胡克望远镜发现了仙女星云和三角座星云中的一批造父变星。经过对这些造父变星的测量和推算,这两个星云距离地球大约 90 万光年。这个数字大大地超过了银河系的大小,因此仙女星云和三角星云被最早确定为是有别于银河系之外的"岛宇宙",人们称它们为"河外星云"。

通过哈勃的望远镜,世界突然变大了,从原来银河系的 10 万光年伸展到了上百万光年,似乎还继续伸展以至无穷。有了开头,后面一个一个的"岛宇宙"不断被发现。实际上,许多星云早已经被观测到,我们曾经介绍过的早于哈勃的天文学家威廉·赫歇尔,就已经完成收录了多达 5000 个星云的目录。哈勃发现仙女星云、三角星云为河外星系之后,大家所做的,只是寻找它们中的造父变星,然后估算它们的距离,从而确定它们的"河外"或"河内"身份而已。

除了造父变星之外,超新星是亮度比造父变星亮得多的标准烛光。超新星指的是原来就存在但某段时间突然爆炸的恒星。爆炸原因是引力坍缩引起极强的核聚变。在爆炸时的短时间内,它的光度会超过整个星系的光度,使得这颗星在几个星期甚至几个月内肉眼可见。人类有记录的第一颗超新星是中国天文学家在公元 185 年观察到的。超新星爆发是难得一见的天文现象,正像两个黑洞碰撞等事件一样,可遇而不可求。但因为观察和研究这类非常明亮的天体对宇宙学意义重大,2011 年度诺贝尔物理学奖颁发给了三位与超新星的测量及搜索方法作出突出贡献的物理学家。

哈勃确定河外星系的先驱工作,为天文学开辟了一个新的发展方向:测量宇宙学。

有了上千个星系的资料,人类观天的角度上升了一个档次。原来是站在地球上看银河,现在则是站到了银河上来看整个宇宙,将包括了亿万颗恒星的每个星系,仅仅当成为研究系统中一个小小的元素。这种把宇宙看作一个整体,研究大量星系在宇宙中的空间分布与运动,研究宇宙整体的结构、起源和演化的学科,称之为"宇宙学"。在理论物理和哲学中,宇宙学的思想可能早已有之,但只是从哈勃开始,宇宙学才和天文测量密切关联起来。

2.
光——探索宇宙的利器

纵观天文学的历史和研究方法,几乎所有天文观测的资料都是从光得到的。使用各类仪器,工作在各种波段,接收来自宇宙各类天体的各种辐射:可见光、X射线、紫外线、红外线、伽马射线,全部都可以算是某种光。光本来就是一种电磁波,因此,当我们说光的时候,一般包括了从无线电波到伽马射线的整个电磁频率范围。

作为一种电磁波,可测量的基本物理量有强度和频率。通俗地讲,亮度代表了强度,颜色则部分反映了光辐射的频率。星星看起来五彩缤纷,有红有蓝有绿,是因为不同颜色与恒星的表面温度有关。比如说,太阳看起来是红黄色,它的表面温度大约是 6000℃。表面温度更高的恒星发出的光辐射频率也更高,颜色便成为黄、白、蓝等。如发白光的天狼星温度大约为 10 000℃。

利用天体颜色与表面温度的关系,天文学家们从观察星体的颜色可以推算出它们的表面温度。恒星演化都遵从一定的规律。因此,从表面温度,再加上亮度和质量的数据,就大概能估计到这颗星是处于演化的哪个阶段,也就是说知道了它的年龄。通常年轻而质量又大的恒星,火气正盛,发出的光蓝白色;逐渐变老到中年之后看起来便是橙色或红色。不过,再老下去就难说了,比如接近死亡的白矮星发的也是白光,算是回光返照时的垂死挣扎吧!

仔细研究来自星星的辐射光,发现它们并不是单一的频率,观测到的颜色是许多频率分量的综合。接收到的光波中,不同的频率分量对总强度有不同的贡献,将贡献大小按照频率之高低展开,可得到辐射光的光谱。如太阳光通过棱镜后分解成了各种颜色的彩色光带的图像,就可粗略地当作是太阳辐射的光谱。

物理学家最感兴趣的是一种线状光谱,因为它和发射(或吸收)光的物质成分有关。物质元素中的电子被激发时,它会吸收光子跃迁至能量较高的轨道上;而当这个电子离开激发态时,又会辐射光子,返回到低能量的轨道。被吸收(发射)的光子频率与两个轨道的能量之差有关系,不同的元素有不同的轨道能带结构,发射光的频率便有与此结构对应的一些特别频率数值。这就使得在元素的辐射光谱中的某些特殊频率位置出现一条一条的"亮线"或者暗线(吸收谱线)。这些光谱线成为这种元素的特征线,就好比是该元素的身份证一样,看到了这些特征线,就知道光源中包含这种元素成分。也就是说,天文学家们分析接收到的恒星光谱,就可以确认该恒星由哪些元素组成以及它们的比例。比如,图 7-2-1(a)所示的是太阳光谱,从图中可以看出,太阳中起码包含了氢、钠、镁、钙、铁这些元素,因为在太阳光谱中查到了它们的"身份证"。

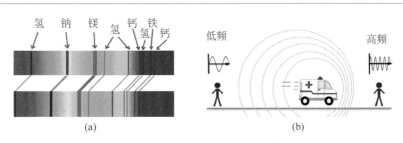

图 7-2-1 太阳光谱和红移(a)以及声波的多普勒效应(b)

1942 年,奥地利物理学家克里斯琴·多普勒(Christian Doppler,1803—1853)用波动理论解释了被后人称之为"多普勒效应"的一种物理现象。这种现象在日常生活中司空见惯:一辆急救车鸣笛从你身旁飞驰而过,当急救车朝你开来的时候,笛声变得更尖细,即频率增高;离你而去的时候声音则变得更低沉,表明频率变低。如图 7-2-1(b)所示,因为右行的汽车与地球之间的相对运动,使其发射的声波表现左右不对称。从右边观察者看来声音被压缩,左边观察者接收到的声波却是被拉伸了。因为这个效应,从急救车笛声的高低变化,你可以判断汽车是冲你而来,还是离你而去，这点仅仅靠你的耳朵就可以做到。如果你使用某种仪器，更精确地测量汽车笛声的频率变化了多少，便可以推算出急救车相对你的速度。

光波也有类似的多普勒效应，反映在接收到远处恒星的光谱线上，相对于地球上测量的元素谱线，这些谱线的位置有所移动。比如说，比较图 7-2-1（a）中上下两个光谱图谱线的相对位置，你会发现下面一图中所有的谱线，都是上面图中的谱线朝左边移动了一段距离后的结果。在图中，左边表示的是频率更低（也就是更红）的地方。与声波类似，频率变低了（红移）说明光源在离开我们。如果光谱的谱线往频率更高的地方移动，说明光源在靠近我们，这时候应该是"蓝移"。不过，为了简单起见，天文学中将这两种情形都叫做"红移"，用红移值的正负来区别频率是变高还是变低。

图 7-2-2 描述的是光源与观察者相对运动时产生的多普勒效应。光源发射的是某频率的绿光，相对于光源静止的观察者接收到该频率的绿光。如果绿光光源向右运动，右边观察的人接收到蓝光（蓝移），左边的观察者接收到红光（红移）。

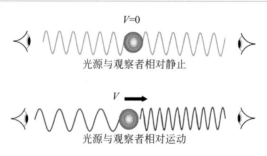

图 7-2-2　运动光源对左右观察者产生红移和蓝移

红移可以定量地用测量到的波长的移动与原来波长的比值（相对移动）来定义：

$$z = （移动后波长 － 原来波长）/ 原来波长$$

红移 z 的数值可正可负，正值代表波长变长的红移，负值表示波长变短的蓝移。

因为多普勒效应引起的红移与光源和观察者的相对速度 V 有关，理论上可近似表示为一个线性关系：$z = V/c$，c 是光速。如果考虑狭义相对论效应，公式需根据洛伦兹变换而修正，不再是线性关系，但仍然与 V 有关，称之为相对论性多普勒红移 $1+z = (1+V/c)\gamma$。其中 V 为洛伦兹因子。

多普勒效应描述的是观察者从不同的惯性参照系测量到的光波波长。红移的数值只与光波发射时两个惯性参照系的相对速度 V 有关，与波在空间的传播过程无关。

实际上，天文学中恒星光谱产生红移的原因不仅仅是上述的多普勒效应，还有以下将介绍的宇宙学红移和引力红移。

（1）宇宙学红移

在宇宙学中也需要考虑星体或星系间相对运动时因为多普勒效应而引起的红移。但是，通常所指的"宇宙学红移"（cosmological redshift）是另外一种产生机制完全不同的红移现象。宇宙学红移不同于多普勒红移，红移的原因不是因为观察者和光源参照系之间的相对运动（实际上，在宇宙学的范围，并不存在"惯性参照系"），而是因为波动在空间传播的时候宇宙空间的膨胀或收缩所导致的光谱移动，是在宇宙学大尺度下更为显著的光谱移动现象。

这里需要强调的是，我们所谓的宇宙膨胀或收缩，是说宇宙时空的尺度变化了，与星系之间作相互运动的概念是两码事。如果宇宙膨胀，会使得看起来所有的星系都在远离我们而去，宇宙收缩时所有星系都互相靠近，但这和星系之间的相对运动有所区别。如果星系之间相对运动，便会使得某些星系互相远离，而另外一些星系互相接近，当观察某个恒星发出的谱线时，有些星系观察到红移，另一些星系上则观测到蓝移。但是，宇宙的膨胀则使得所有的星系都在互相散开，在空中传播的所有电磁波波长也都被拉开，造成所有星系中都将观察到谱线的"红移"。

可以用图 7-2-3 中的两个类比来说明空间的膨胀。图中将空间类比于能伸缩的橡皮筋或者是可以吹气胀大的气球。由图可见，因为橡皮筋伸长，或者气球表面胀大，在其中传播的电磁波的波长也被相应地拉长了。

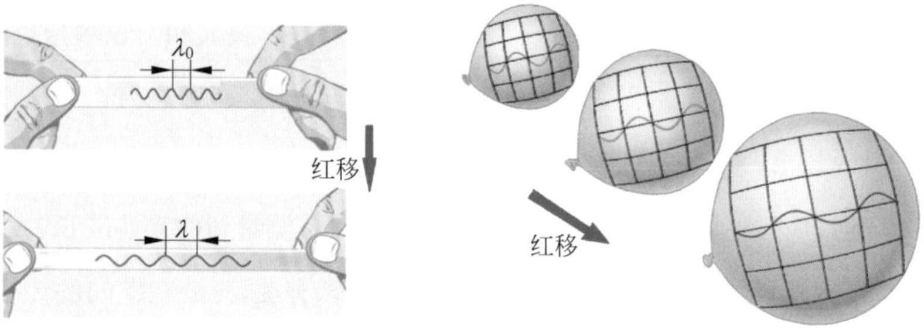

(a) (b)

图 7-2-3 空间膨胀使得波长红移

(a) 橡皮筋的空间拉长扩张了；(b) 气球空间膨胀

从图 7-2-4 所示可以看出，在不断扩张的宇宙中，光波的波长是在传播的过程中逐渐红移的，红移的机制是由于空间尺度性质的变化。而多普勒红移与时空的性质无关，可以看作是从不同参照系得到的不同观察效应。

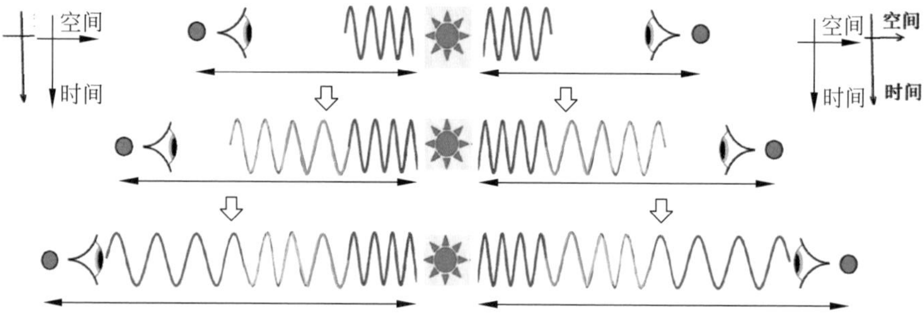

图 7-2-4 宇宙学红移

根据测量而定义的宇宙学红移与多普勒红移一致，但因为理论解释不同，宇宙学红移不是与两个星系之相对速度有关，而是与宇宙空间尺度变化的标度因子 $a(t)$有关，标度因子表示空间尺寸如何随时间变化。红移可简单地用光线被接收时与被发射时宇宙空间标度因子的比值来表示：

$$1+z=a(t_{接收})/a(t_{发射})$$

（2）引力红移

根据广义相对论,巨大引力场源发出的光线会发生红移,称之为"引力红移"。

对可观测到的引力红移的贡献来自两个方面：一部分只与发射时光源所在处的引力场有关,是因为光源所在处引力场的作用使得时间膨胀,发出的光波比之没有引力场时光波波长更长所致；红移的另一部分贡献则与在空间的传播过程有关。是因为质量巨大的星体发射的光子在离开光源之后,受到其周围引力场的作用而产生的谱线位置变化。

可以从能量的角度来理解引力红移。如图 7-2-5（a）所示,从强引力场向上发出的光波,可以类比于光子从一座高楼的底层传播到高楼的顶端。相对于底层而言,位于顶楼的质量为 m 的粒子具有引力势能 mgh。光子没有静止质量,但具有能量 $E=h\nu$,ν 是光子的频率。和有质量的粒子一样,光子在顶楼比在底层具有更大的引力势能。这个势能从何而来？可以看成是光子红移损失的能量转换而来。因为红光频率比蓝光频率低,因而能量更小,损失的能量转换成了光子的引力势能。

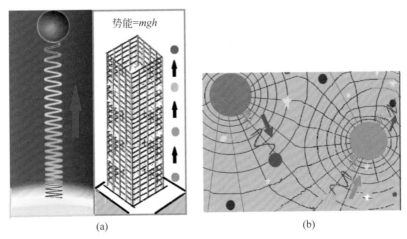

图 7-2-5　引力造成的光谱移动

（a）引力红移；（b）宇宙中时空弯曲使得光波红移或蓝移

光波在宇宙中传播，有时产生红移，有时产生蓝移，红移量的大小与光源所在处的引力势以及传播过程中空间的引力势有关。当光子从引力场大的区域发射到引力场小的区域，比如太阳到地球，光子需要克服引力而损失能量，因而产生红移。反过来，如果光子从引力场小的区域发射到引力场更大的区域，则产生蓝移，见图 7-2-5(b)。简而言之，可以用引力势 ϕ 在两个位置的差别来近似估算引力红移：

$$z = (\phi_2 - \phi_1)/(c^2 + \phi_1)$$

引力红移(上述的第二部分贡献)与宇宙学红移都是因为光子传播过程中时空的性质改变而引起的，产生机制的本质相同。只是时空改变的原因有所不同，前者是因为物质分布使时空弯曲，后者是源于时空膨胀。

膨胀的宇宙

哈勃及其他天文学家在确定了不少河外星系之后,便开始测量来自这些星系的光谱谱线的红移。被发现的星系(岛宇宙)越来越多、距离越来越远、测量越来越困难。这显然不是一项容易的工作,而是一个令人咋舌的奇迹。想想看,仅仅从一块很小的、与一只人眼大小的玻璃中,哈勃却能将整个宇宙尽收眼底。在处理得到的庞大观测数据时,哈勃又像一个勇敢的航海家,遨游在波涛汹涌的星系大海中。

哈勃在使用胡克望远镜之初,就给自己定下了一个宏伟目标,要使得人类认识的星系数目,与那时候人类观察到的银河系中的恒星一样多。哈勃在 1934 年左右就实现了这个目标,他对 4.4 万多个星系的视分布进行了研究。将宇宙之大展示于人类面前。宇宙,的确堪称星系的海洋!

分析整理观测数据的结果之后,哈勃敏锐地注意到这些星系的红移与距离之间有某种简单而令人惊奇的关联:星系的距离越远,红移的量也越大。并且在绝大多数情况下,红移的数值为正数,也就是说,是真正的红移,所有的光都变得更"红"了。

开始有人将这种红移解释为多普勒效应,但后来便意识到应该用另一个完全不同的机制,即用上一节中我们介绍过的"宇宙学红移"来解释。并且,因为观测到的是真正红移而非蓝移,所以,自然地便得到了宇宙膨胀的结论。

首先,让我们看看哈勃从实验数据中总结的规律——哈勃定律。

1929 年,哈勃在他堪称经典的论文"河外星云距离与视向速度的关系"中指出:距离我们越远的星云,远离我们而去的速度就越大,而且速度同距离两者之间存在着很好的正比关系。这就是哈勃定律。哈勃最开始得到的是星系的红移与距离的正比关系,如图 7-3-1 所示,将每个星系用它的红移 z 和距离 D 的数值标示为图中的一个点,所有的点近似地位于一条直线上,直线的斜率 H_0 被称为"哈勃常数"。1930 年,艾丁顿把星系离我们而去的现象解释为宇宙的膨胀,哈勃定律则为宇宙膨胀提供了首要的观测证据。

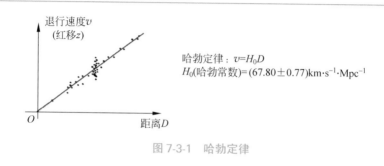

图 7-3-1　哈勃定律

哈勃常数意思不是指不随时间改变,只是说对所有的星系,所有的空间位置而言都是一样的,所以我们将称其为哈勃常数。实际上,哈勃常数 H_0 是时间的函数,不过产生变化的时间范围很大,只在宇宙学的时间尺度上有意义。通常,用 H_0 来表示现在的哈勃常数。但当初哈勃估计的 H_0 很不准确,是 2013 年普朗克卫星测量的 H_0 值($(67.80\pm0.77)\mathrm{km}\cdot\mathrm{s}^{-1}\cdot\mathrm{Mpc}^{-1}$)的 7.3 倍左右。

虽然星系的红移主要是由于"宇宙学红移"引起的,但是仍然可以借助于多普勒效应的红移公式(非相对论的或相对论的)将 z 对应于星系的速度 v。所以,哈勃定律一般被表述成星系的速度 v 与距离 D 成正比的形式。一般面向大众的科普读物中,也只用多普勒效应来解释红移。不过笔者认为必须强调,哈勃定律中所谓的速度 v,并不是星系之间真正的相对运动速度,而是因为空间尺度的膨胀使得星系之间看起来互相远离的一种表观速度。因此,我们称它为"退行速度",强调它表示的只是视觉上的退行,并非相对运动。

哈勃定律证明了宇宙在膨胀,这给当时人们的观念造成极大的冲击。过去人们对牛顿那种永恒不变而稳定的宇宙观深信不疑,即使是爱因斯坦也是如此。广义相对论建立后不久,曾有苏联数学家弗里德曼和比利时天文学家勒梅特,先后以爱因斯坦方程为基础,从理论上论证了宇宙随时间而膨胀的可能性。但是爱因斯坦不同意,还特意在他的方程中引进了宇宙常数一项,试图维持一个整体上稳定、静止的宇宙图景。

因此,哈勃的结果也让爱因斯坦震惊。他找到一个开会的机会,会后马不停蹄地赶到威尔逊山上。确认了哈勃的观测结果之后,又迫不及待地要"撤回"他的宇宙常数一说,认为这是他生平犯的最大错误。

近代宇宙论的重要基石,是宇宙学原理。这个原理可以算是哥白尼日心说思想的推广。意思是说,地球在宇宙空间中并不处于任何优越的地位。因此,在空间任何一点观察的大尺度宇宙都是一样的,并且朝空间不同的任何方向看过去也应该是相同的。简而言之,宇宙空间在大尺度上均匀且各向同性。

如果将宇宙在空间上的这种均匀性延伸到时间,即承认大尺度上宇宙是永恒不变的,实际上也就是牛顿的稳恒态宇宙观。但哈勃及其他天文学家的观测事实否定了这种观点。不过,人们仍然保留了宇宙在空间上均匀和各向同性的假设,并由此作为基本前提来讨论宇宙学。

近代物理宇宙学的理论基础,则是爱因斯坦的广义相对论。

如何根据宇宙学原理和相对论或哈勃定律,给膨胀的宇宙建立模型?我们首先从空间只有一维的情况开始考虑。然后可以很容易地推广到空间是三维的情形。

图 7-3-2(a),水平轴 x 代表一维空间,垂直向上的方向代表时间 t。坐标轴 x 上的圆点代表星系。为了表示一个均匀而各向同性的宇宙,将星系等距离地均匀排列分布在 x 轴上。假设观察时间为 $t_1 < t_2 < t_3 < t_4 < t_5$,在每一个时间点,星系在 x 轴上的位置都用整数($x = \cdots, -2, -1, 0, 1, 2, \cdots$)来标识。这里我们暂且假设这个一维宇宙是无限且平坦的,其中有无穷多个星系。显然,图 7-3-2(a)中星系对应的 x 值并不是空间中的距离,它只是星系的排列顺序。空间距离尺度被包含在标度因子 $a(t)$ 中。这样来表示膨胀的宇宙比较方便。比如说,$x = 3$ 的圆点表示

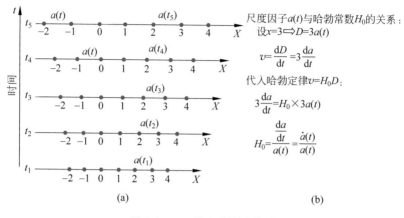

图 7-3-2　一维宇宙膨胀模型

的是从原点 o 开始算的第 3 个星系，它和位于原点那个星系的距离，无论在哪个时间点，都等于 $a(t)$ 的 3 倍。标度因子 $a(t)$ 随着时间的增大而增大，x 的值却不变，因此，$a(t)$ 函数代表宇宙膨胀的效应。通常将现今的标度因子 $a(t_0)$ 定义为 1。

标度因子 $a(t)$ 变化的规律如何？理论上与广义相对论有关，实验中则与哈勃定律有关。假设银河系位于图中 $x=0$ 的点，考虑任何其他的星系相对于银河系的位置和退行速度，比如 $x=3$ 的第三个星系，与地球的距离是标度因子的 3 倍，进行简单的微分运算求出退行速度后，再代入哈勃定律中，则能推出哈勃常数 H_0 与标度因子 $a(t)$ 的关系：

$$H_0 = (\mathrm{d}a/\mathrm{d}t)/a(t)$$

因此，哈勃常数等于标度因子的导数与标度因子之比值，这是宇宙膨胀的动力学公式。

现在，可将一维的宇宙膨胀模型推广到二维或三维空间。虽然三维空间中有 3 个独立的方向，但为了保证宇宙学原理中各向同性的要求，只能有一个标度因子 $a(t)$，用与上面一维情形类似的方法，可推导出同样的 H_0 与 $a(t)$ 的关系式。

图 7-3-3 显示二维宇宙膨胀的过程，三维的情况完全类似，只需要加上 z 坐标。图中的 $a(t)$ 为标度因子，对 x 方向和 y 方向都完全一样，这是宇宙学原理的要求。

因此,宇宙膨胀的标度因子与选择的坐标系无关,我们也可以使用极坐标来同样地讨论膨胀模型。图 7-3-3(b)便是用极坐标表示膨胀的二维宇宙在某一个时刻 t 的截图。图中的 A 点代表我们的银河系,假设将 A 当作静止的参考系,其他星系位置上标示的小箭头则显示了它相对于 A 运动速度的方向和大小。从图中可见,所有的星系都是离 A 而去。并且,离 A 越远,小箭头越长,表示退行速度随距离增大而增大,符合哈勃定律。

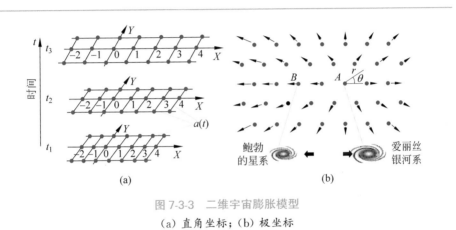

图 7-3-3　二维宇宙膨胀模型

(a) 直角坐标；(b) 极坐标

图 7-3-3 初看起来,银河系的位置似乎有点特殊,所有别的星系相对 A 朝四面散开,银河系不是就好像代表了宇宙的中心吗？但仔细一想就明白了,如果你把参考系移到鲍勃所在的星系 B,也就是说,将图中的 B 点当作是静止的,重新画出相对于 B 的小箭头的话,你又会感觉 B 好像是宇宙中心了。因此,在宇宙的膨胀图景中,每个星系都可以被当作静止的参考系,但并非宇宙的中心,宇宙没有中心,处处相同、各向同性。

4.

超光速的困惑

宇宙学中常听到有"超光速"之说,比如宇宙膨胀中的所谓"退行速度",就肯定要面临超光速的问题。哈勃定律中的退行速度与距离成正比,如果宇宙是无限的,当距离大到一定的时候,速度必定要超过光速。事实上,并不需要假设宇宙无限,在现今可观测的距离范围,退行速度已经超过光速。

如第四章中介绍的,光速不变和不能超过光速是狭义相对论的假设条件。其中涉及的距离及时间概念都需要在平坦的闵可夫斯基时空中来理解。闵氏时空中任何静止质量不为零的定域物体,运动速度不能超过光速。因为如果要将它们加速到光速,其质量会增长到无穷大因而需要无穷大的能量,这是不可能实现的。

到了广义相对论,时空因为物质而弯曲。遥远的星系间不能用同一个闵氏时空来描述。狭义相对论的应用以及光速不变定律等,只具有局域的意义,更不能随意将它推广到宇宙的尺度。

只要不是传递能量(包括物质)或信息,物理中有许多超过光速的情况,比如波动中的相速度,还有费曼图中虚光子的速度,都可以比光速快。利用量子纠缠现象进行的量子隐形传输,除了利用量子通道之外,还一定要平行地有一个经典通道,才能真正传输量子态的信息。这里所谓经典通道,就是利用电话、网络等经典方式(传输速度小于光速),所以也并未违背狭义相对论。不过,量子纠缠的具体机制到底如何?量子理论到底应该如何诠释?这些问题都还属于尚不完全清楚的状态,争议颇多,在此不表。

所以,以某种方式定义的"速度"超过光速是完全可能的,重要的是需要考察一下是否能量和信息的传递速度超过了光速？

大家都知道速度等于距离除时间，要了解宇宙膨胀中的超光速，必须首先理清楚宇宙学中距离和时间的概念。

"距离"这个概念在日常生活中不言自明，而在宇宙学中的距离，从测量方法到定义都和我们平时理解的距离大相径庭。就测量而言，天体间的距离是无法直接用"标准米尺"去度量的，只能用三角视差法或寻找标准烛光等各种方法来间接测量和估算。到了星系之间的距离就更困难了，少则几十万光年，多则上亿光年。没有任何一种测量的方法可以用来测量所有尺度的距离。天文学家和宇宙学家们使用的是阶梯式测量步骤，从近到远以此类推来得出更远的距离。

总之，实验物理学家们发明了很多方法来测量距离，有了哈勃定律之后，天文学家们又掌握了一种测量距离的新方法：首先测量红移，然后根据红移和哈勃定律来算出星体的距离。理论学家们也不甘落后，美籍俄裔物理学家乔治·伽莫夫（George Gamow，1904—1968）提出大爆炸理论后，与此相关的各种理论模型建立起来，宇宙学逐渐趋向成熟。基于各种测量方法、各种理论模型，要满足各种不同的需要，宇宙学中对"距离"便有了五花八门的定义[28]。

举红移测量距离的方法为例。当红移量不太大的时候，天文学家们皆大欢喜，因为各种测量结果，使用各种定义都相差不大。但是，当我们看得越来越远，测到的红移量越来越大的时候，许多问题就来了，比如说：哈勃定律中的 D 是什么样的距离？有人说是在"同时"的条件下，两个星体间测量到的距离。但事实上，这个"同时"在测量中根本无法做到。也许当哈勃测量相距我们 200 万光年的仙女星云时，还可以认为 200 万年比较起宇宙学的时间尺度来说不算长，但将这种近似扩展到几亿光年总是不能令人信服的。何况这个宇宙还在不停地膨胀。上亿光年的时间，膨胀的效应很可观，又该如何考虑这点呢？

宇宙学中经常使用的有光行距离、固有距离、共动距离。其中光行距离是最容易被大众理解的，所以常被科普文章使用。也就是用光行的时间来度量这段距离。本书中也已经使用多次，比如我们曾经说，牛郎星和织女星相距 16 光年，这便是说它们的光行距离等于 16 光年。可以认为如此算出的牛郎星、织女星之间的距离是它们的真实距离。但是，当我们说"两个黑洞离我们 13 亿光年之遥"的时候，就必须认真思考。因为在光行 13 亿年的这段时间中，宇宙在不停地膨胀，要计算"真实距离"，还需要考虑宇宙在这么长的时间中膨胀的规律如何？此外，对远离的两个星系而言，也必须明确地定义什么叫做真实距离？

在哈勃定律中使用的距离 D，并不是通常人们喜欢用的光行距离，而是固有距离。如果使用光行距离，哈勃定律在红移高的范围内不成立。固有距离是宇宙学家眼中比较接近"真实距离"的概念，它的定义与广义相对论有关。共动距离与固有距离紧密关联，是不考虑宇宙膨胀效应的固有距离，因而不是真实的距离。意为观测者在与宇宙"共动"的坐标系中看到的两点之间的距离。因为共动坐标系和宇宙一起膨胀，不随时间变化，所以适合用于膨胀的宇宙。

为了更好理解固有距离，再次考察一下相对论中的距离和时间的概念。根据第四章中简单介绍的广义相对论，距离和时间的度量由时空的度规决定（图 4-3-2）。如何将上一节中讨论的宇宙膨胀模型与时空度规联系起来？以前面介绍的最简单一维模型为例，时空中的微分弧长表达式：

$$d\tau^2 = dt^2 - (a(t))^2 x^2 \qquad (7\text{-}4\text{-}1)$$

爱因斯坦建立了广义相对论之后，便雄心勃勃地要把它应用来研究这个世界上最大的系统——宇宙。那时候有一个苏联物理学家，叫作亚历山大·弗里德曼（Alexander Friedmann，1888—1925），是大爆炸学说提出者伽莫夫的老师。弗里德曼的想法与爱因斯坦不谋而合，也想应用广义相对论于宇宙。他在 1924 年一篇论文中，导出了引力场方程的一个动力学解，适合应用于均匀而各向同性的宇宙。于是，他写信告诉爱因斯坦，根据他的结果，宇宙要么收缩、要么膨胀，不会总是维持稳恒不变的状态。但爱因斯坦并不喜欢这个结论，他更相信一个稳恒静态的宇宙图像，他仍然坚持使用他不久前在场方程中加进的宇宙常数一项，其目的便是为了得到一个稳态宇宙解。不过，天文的观察事实却与爱因斯坦的愿望相反，过了几年之后便传来哈勃的断言：宇宙正在膨胀！爱因斯坦感到此事非同小可，接着便亲临南加州的天文台现场。与哈勃等交谈之后,爱因斯坦后悔莫及,赶快声明要撤回宇宙常数添加项。可惜弗里德曼这时候已经去世,没能听到这个他的理论得以证实的好消息,1925 年他 37 岁时在一次乘气球飞行中因感冒导致肺炎而离世。

弗里德曼解出的四维时空度规在宇宙学中被广泛使用,加上其他几个有贡献的人名之后,通常被称为 FLRW 度规。因为在宇宙学中一般都使用 FLRW 度规,所以后面的章节中,有时候我们就简单地称其为度规。

$$\mathrm{d}\tau^2 = \mathrm{d}t^2 - a^2(t)\left(\frac{\mathrm{d}r^2}{1-kr^2} + r^2\mathrm{d}\Omega^2\right) \tag{7-4-2}$$

式(7-4-2)的度规和根据一维模型写出的式(7-4-1)基本一致,但稍有不同,式(7-4-2)是式(7-4-1)在弯曲的三维空间使用极坐标时的推广。

FLRW 度规很简单,只有两个参数,随时间变化的标度因子 $a(t)$ 和表示空间曲率特性的宇宙曲率参数 k。标度因子 $a(t)$ 描述了宇宙随时间而膨胀(或收缩)的图景。k 的值则决定了宇宙空间的整体几何性质。之前我们讨论膨胀的宇宙模型时,简单地假设宇宙空间是平坦的,即 $k=0$ 的情况。因而在式(7-4-1)中并未包括 k。下一节中我们将对 k 不等于 0 的宇宙空间几何性质做更多介绍。

从 FLRW 度规出发,只考虑与 $\mathrm{d}r$ 有关的一项,共动距离和固有距离表示为

$$\text{共动距离} = \int \frac{\mathrm{d}r}{\sqrt{1-kr^2}}, \quad \text{固有距离} = a(t)\int \frac{\mathrm{d}r}{\sqrt{1-kr^2}}$$

其中共动距离不随着宇宙膨胀而变化,是因为测量度规与膨胀的宇宙"共动"。想象测量距离的尺子随着宇宙膨胀而变长了,所以测到的仍然是原来的数值。固有距离则是随宇宙膨胀而变化的距离,相当于用一把长度固定的尺子在测量膨胀的宇宙中的距离。哈勃定律中所说的距离 D 即为上式中的固有距离。

之前我们讨论的宇宙模型中,空间坐标 (x,y,z) 等都只取整数值,这些整数值不随时间变化,是共动坐标系的例子。如果只用共动坐标 (x,y,z) 的差别来表示空间距离,那就是共动距离(如 $D=x$)。如果包括了标度因子,比如 $D=(a(t))x$,就是固有距离。

固有距离无法测量,可观测量是从该星球发出的电磁波的红移。红移量中的

大部分是由于宇宙膨胀而产生的,距离越远红移就越大。如果认为宇宙是平坦的,空间范围则可以延伸到无穷,那么退行速度必定会在某一个距离开始便超过光速。红移 z 等于多少便对应于达到光速?这根据不同的宇宙模型有不同的答案。使用 FLRW 度规及空宇宙模型,当 $z>1.67$,退行速度大于光速。事实上,就目前所测到星系红移的最大值是 $z=8.7$,所以退行速度已经大大地超过光速了。

也许有读者会说,如果某星系以超光速的退行速度远离我们而去,与地球相距甚远,我们又收到了它们发出的红移了的光线,这不就是信息传播速度超过光速的证据吗?

你仔细想想就明白不是那么回事。我们接收到的光线,是这个星球好多(亿)年之前发出来的,那时候这个星球并不在现在这个位置,离地球的距离也不是这么远,原因是因为宇宙在不停地膨胀。当时到底是多远,可以根据选定的模型进行计算。打个比方,当时的这束光,被这个星体发出之后,便高高兴兴地到宇宙空间中旅行去了,就像游子离开了母亲,失去了联系。后来,宇宙膨胀了,星体与地球间的距离增加了,但那束光线毫不知晓。光波自己也因为空间的膨胀而被拉长,频率变低。最后,好多年之后,游子来到了地球,但他并不知道母亲星体后来的情况,他报告给地球人有关星体的消息,只是多少年前"过时了"的信息。

即使不经过复杂的计算,我们也大可不必担心这束光线传递信息的速度会超过光速。这信息本身就是由这个"光信使"传过来的,传递的速度顶多就是光的速度,如何去超过呢?

由以上分析可知,尽管宇宙的年龄只有 137 亿年左右,但如果同时考虑宇宙经历了如此 100 多亿年的膨胀,我们可能"看到"的、现在离我们最远的星系的距离,可以大大超过 137 亿光年。天文学家们应用一定的宇宙膨胀数学模型,估计出"可观察宇宙"的范围是 460 亿—470 亿光年[29]。能量速度和信息速度是怎么定义的?从广义相对论的角度考虑,应该是被传播之物(信息或能量)的固有速度,即与被传播物一起运动的观察者所测量的距离除以他携带的时钟所经过的时间(固有时 τ)。

宇宙膨胀的速度,或者哈勃定律中的星系退行速度,都是一种观察效应,与真正的所谓"能量和信息的传递"无关。所以,它们超过光速是可能的,并不违背相对论。

宇宙的形状

　　宇宙学原理强调空间的均匀与各向同性,对时间没有要求。数学上就是说,宇宙时空有一个整体的坐标时间,由此可将时空分解成随着时间而变化的一个一个"空间切片"。为了保证均匀和各向同性,在任何时刻,描述"空间切片"部分内在弯曲的数学量(曲率)应该处处相同。也就是说,我们的三维空间是一个常曲率的黎曼流形。务必提醒大家注意:这里所指的曲率,是从大尺度范围来看整个宇宙的曲率,并不代表任何个别星系(比如银河系)或星球(比如太阳)附近的空间弯曲情况。

　　式(7-4-2)表示的 FLRW 度规,就是满足上述宇宙学原理数学要求的时空度规。该度规仅仅两个参数:曲率参数 k 和标度因子 $a(t)$,前者描述了宇宙空间的几何形状,后者告诉我们宇宙空间如何演化。本节简单地叙述几何,下一节将介绍如何从爱因斯坦场方程得到宇宙的演化规律。

　　空间曲率参数 k 的数值决定了空间的几何性质。满足宇宙学原理的空间几何只有三种可能性,分别对应于常数 k 等于 0、+1、−1 时的情形。

　　$K=0$:平坦的三维欧式空间的宇宙模型。

　　$K=+1$:正的常曲率空间。几何直观图像类比于嵌在三维空间中的二维球面。但真实世界应该是一个嵌入到四维时空中的三维球面,和我们熟悉的二维球面一样,是一个"有限无界封闭"的宇宙模型。

　　$K=-1$:负的常曲率空间。几何直观图像类比于嵌在三维空间中的二维马鞍面(双曲面),但必须将二维曲面推广到三维的马鞍面嵌入四维时空中。是一种无限扩展开放的宇宙模型。

第四章中曾经介绍过不同的内蕴几何,图 7-5-1 中所示的平面、球面、双曲面有不同的几何性质,这里三种不同的二维曲面都是常曲率曲面。平面的曲率处处为 0；半径为 R 的球面上,每一点的曲率都等于 $1/R$；半径为 R 的双曲面上每一点的曲率则都等于 $-1/R$。

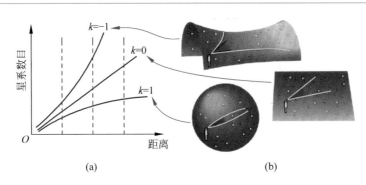

图 7-5-1　不同曲面上的二维生物观测到的几何性质

那么,我们人类生活的三维宇宙空间到底符合哪种几何呢？这需要用观测资料来回答。宇宙学中有一种方便的方法来确定空间的曲率参数 k,就是计算观测到的星系的数目与星系距离的关系。根据宇宙学原理,无论哪种几何,星系在大尺度上是均匀分布在整个宇宙空间中。但是,对不同几何性质的空间,所能够观测到的星系的数目,与观测距离的关系不一样。图 7-5-1(a)的三条曲线,显示了三种不同的函数关系。

我们无法画出弯曲三维空间的直观图像,因为必须将它们嵌入到四维空间中。因此,我们首先用三维空间中的二维曲面(平面、球面、双曲面)来解释不同几何形状的空间中观测到的星系数与距离的关系。例如,假设平面上二维生物观测者的观测距离从 $r \sim r + \Delta r$,又假设观测者的每一次观测都保持相同的观测深度 Δr。那么,他在 r 处能够看到的所有星系数目应该正比于半径为 r 的周长 $L = 2\pi r$,也就是正比于半径 r。因此,观测者在二维平坦空间中看到的星系数目与观测的距离成正比,距离越远,观测圈便越大,包括的星系也越多,如图 7-5-1 中 $k=0$ 的情况。

图 7-5-2(a)显示了二维平面观察者在距离分别为 r_1、r_2、r_3 时,观察圈的圆周长分别为 L_1、L_2、L_3。如果空间是 $k=1$ 的正曲率空间,如图 7-5-2(b)所示,对应于

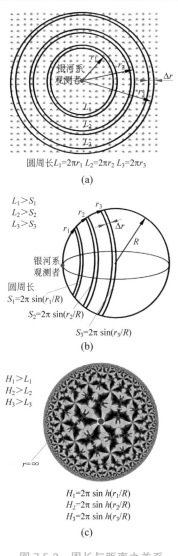

圆周长 $L_1=2\pi r_1$ $L_2=2\pi r_2$ $L_3=2\pi r_3$

(a)

$L_1>S_1$
$L_2>S_2$
$L_3>S_3$

圆周长
$S_1=2\pi \sin(r_1/R)$
$S_2=2\pi \sin(r_2/R)$
$S_3=2\pi \sin(r_3/R)$

(b)

$H_1>L_1$
$H_2>L_2$
$H_3>L_3$

$r=\infty$

$H_1=2\pi \sin h(r_1/R)$
$H_2=2\pi \sin h(r_2/R)$
$H_3=2\pi \sin h(r_3/R)$

(c)

图 7-5-2 周长与距离之关系

(a) 平面;(b) 球面;(c) 双曲面

同样的 r_1、r_2、r_3，因为观察圈的圆周长中包含了正弦函数,增长率小于平面上相对应的圆周长。对 $k=-1$ 的负曲率双曲面空间,双曲函数大于1,增长率则大于平面上相对应的圆周长,星系数目增加很快,距离趋于无穷时,星系的观测视角趋于无穷小,星星数趋于无穷大,见图 7-5-2(c)。

将二维曲面中星系数与距离的关系推广到三维空间,得到类似的结论:如果 $k=1$,星系数随着距离的增长速度慢于 $k=0$ 的情形;对 $k=-1$ 的双曲空间,星系数随距离指数增长,增长率远大于平坦欧氏空间的增长率。

现代的天文探测技术使我们能看到很远的距离,因而有可能测量真实的三维宇宙空间的曲率。很多宇宙学方面的观测都可以给出曲率的可能值范围,主要方法是依靠测量光度、距离和星系数量。目前最好的测量是利用我们在下一章将介绍的宇宙微波背景辐射图。

根据现有的观测数据,我们的三维空间基本上是平坦的,也就是曲率参数 $k=0$。不过,即使宇宙的空间部分是平坦的,加上时间维之后的四维"时空"就不一定平坦了。因为根据广义相对论,物质(包括能量)将引起时空弯曲。空间平坦,时空可以不平坦。

图 7-5-3(a)是一个空间平坦、时空弯曲的例子,考虑空间只有一维的最简单情况。一维空间加上时间是一个二维"时空"。图中例子中的一维空间被表示为一个圆圈,即只是圆周,不包括圆内部的点。圆圈的几何性质与直线无异,因此,一维的圆圈空间是平直、有限、无界、封闭的。

在图 7-5-3(a)中,垂直向上的时间轴表示时间增大:$t_1 < t_2 < t_3 < t_4$,代表一维空间的圆周大小随时间变化。小圆点代表的星系均匀分布在每个时刻对应的圆周上,星系间的距离由标度因子 $a(t)$ 决定,因而也随时间变化。图中可以看出,在每一时刻 t,代表空间的圆周都是平坦的,但是整个时空,即图 7-5-3(a)中的旋转曲面,并不平坦。

刚才介绍的是空间或时空的几何性质,尚未提及拓扑。几何和拓扑是两个不同的数学概念。简单地说,几何决定曲面的局部性质,与度量有关,比如三角形内

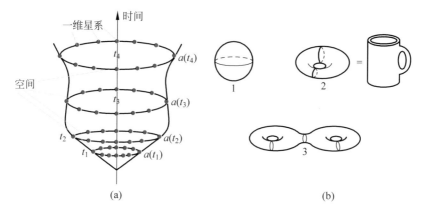

图 7-5-3　一维圆圈空间的时间演化(a)以及二维曲面的不同拓扑(b)

角和的性质便涉及度量。而拓扑决定曲面的整体形状,与度量无关。例如,在图 7-5-3(b)中画出的 3 种不同曲面的拓扑:球面、甜甜圈表面、两个洞的甜甜圈表面。3 种拓扑不一样的意思是说,如果保持洞的数目不变,不可能从 3 种形状的一种连续地变到另外一种。此外,我们在甜甜圈的旁边画了一个普通的茶杯,茶杯看起来和甜甜圈的形状完全不一样,但却有类似之处:有一个洞。这个洞在杯子把柄处。因此,如果杯子是橡皮泥做成的,我们便可以保持这个洞将橡皮泥捏来捏去做成一个甜甜圈的形状。这就是为什么我们在图中的甜甜圈和杯子之间画了一个等号,意味着它们的拓扑是一样的。

再用宇宙空间模型为例。宇宙空间是有限还是无限?答案与曲率参数 k 的值有关,k 为正数时对应于有限无界的封闭空间;k 为负数时对应于无限无界的开放空间;$k=0$ 则是平坦空间。平坦空间可以无限,也可以有限,由不同的拓扑决定。从嵌入三维空间的二维曲面的几何形状可知,曲率为 0 的二维平面是无限大的。然而,我们可以将一张平直的纸卷成圆柱面,柱面仍然是一个欧氏空间,二维中的一维成为尺度有限的圆,另外一维仍然是无限大。有人想,如果把另外一维也卷成一个圆圈,做成甜甜圈的形状,不就变成了有限的了吗?的确是如此,二维甜甜圈表面的整体尺寸是有限的,不过当把它嵌入到三维空间中后,看起来却不是一个平直的欧氏空间了。

　　真实的宇宙空间是三维的,平直的三维宇宙可以类似地"卷"成一个三维的甜甜圈表面而嵌入到四维空间中且仍然保持平直。所以,平直宇宙可以具有两种拓扑形状:一种是开放无限的,另一种是封闭有限的,即四维空间中的三维甜甜圈表面。

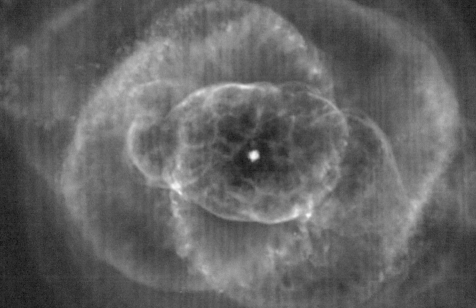

第八章

大爆炸模型

1.

为宇宙膨胀建造模型

第七章中介绍了哈勃定律和宇宙空间的几何形状。空间几何是由度规中的曲率参数 k 决定的,度规中的另一个参数:标度因子 $a(t)$ 则可决定宇宙空间的大小如何随时间变化。推导并求解标度因子 $a(t)$ 满足的方程,也就是为宇宙膨胀建造动力学的模型。这方面的不少工作,是由苏联的几个物理学家完成的。

即使是在封闭而严峻的政治环境下,苏联也还是有不少在世界范围内顶尖的科学家,那段时期,苏联先后出了 14 位诺贝尔奖得主,卡皮察、金斯基、朗道等都是物理学家中杰出的例子。大爆炸宇宙学说的两位主要奠基者:伽莫夫和他的老师弗里德曼也都是苏联人。伽莫夫虽然未得诺贝尔奖,但物理学界公认他做出了好几个诺奖级别的贡献:量子隧道效应、大爆炸宇宙模型,以及最早对生物学 DNA 螺旋结构的研究。伽莫夫是个传奇性的人物,新思想多如泉涌,但他却淡然处世,是那种并不为自己的某项发现而特别感到骄傲的人。当然他也不擅长争名夺利,是一位真正的科学家!

20 世纪 20 年代,伽莫夫和朗道等是列宁格勒大学的同学兼好友,被戏称为物理系的"三剑客",弗里德曼则已经成为一名气象学家兼数学系的教授。迷上了"两个相对论"的伽莫夫选修了弗里德曼"相对论的数学基础"课程,准备跟弗里德曼进一步研究宇宙学问题。

弗里德曼从纯数学的角度研究爱因斯坦的广义相对论,认为爱因斯坦在场方程中加进来的宇宙常数一项是没有必要的,他还发现爱因斯坦在证明稳态宇宙解的过程中犯了一个错误。最后,弗里德曼从场方程解出的宇宙模型是随着时间而变化的,这正好和当时哈勃公布的观测结果相吻合,这两件事实使得爱因斯坦懊恼不已,以至于在一次谈话中对伽莫夫表示自己加入"宇宙常数"是他平生所犯的最大错误。

弗里德曼从理论上设想的膨胀宇宙后来成为大爆炸模型的理论基础。可惜弗里德曼 37 岁那年在一次气象气球飞行中得重感冒转肺炎而去世,使他没能对此作进一步的深入研究,也让当时雄心勃勃的伽莫夫中断了他的"宇宙学之梦",不得不暂时转到其他研究方向。但弗里德曼在短暂的生命中为宇宙建造的数学模型,却一直沿用至今。

弗里德曼模型是爱因斯坦场方程在宇宙学原理特定假设下的简化模型,它最后简化为随时间变化的标度因子 $a(t)$ 所满足的如下弗里德曼方程:

$$\left(\frac{\dot{a}(t)}{a(t)}\right)^2 = \frac{8\pi G}{3}\sum_i \rho_i = H^2 \tag{8-1-1}$$

之前我们介绍一维宇宙膨胀模型时(图 7-3-2)曾经导出一个结论:宇宙膨胀的相对速度,等于哈勃常数。所以,式(8-1-1)表示的方程的左边正好就是哈勃常数的平方。因此,这个公式也给出了哈勃常数如何随时间变化的规律。

由式(8-1-1)可见,宇宙空间的膨胀率(等于哈勃常数 H)是由空间的各种物质密度之和 $\sum_i \rho_i$ 所决定的。这里谈到的"物质"概念与我们通常理解的不一样,不仅包括了能量,还包括了宇宙空间中能对宇宙动力学有贡献的其他成分,可以说是更广义的物质概念。也可以将如此定义的密度称为"宇宙学物质密度"。不过,在以下章节中我们仍然简略地称其为物质密度。

物质密度随宇宙的空间尺度不同而变化,也就是随时间变化。宇宙物质密度主要来源于 4 个方面:尘埃物质(包括暗物质)ρ_d、辐射能量 ρ_r、真空能(暗能量)ρ_v、空间曲率 ρ_k。这 4 种密度随着空间标度因子 $a(t)$ 的变化而变化,因而使得哈勃常数也随之变化。

可以如此来理解弗里德曼方程的物理意义:空间膨胀 $a(t)$ 来自于物质分布 ρ,又反过来影响物质分布。这正是广义相对论思想在宇宙学中的具体数学体现。

4 种物质密度的变化规律分别简述如下：

（1）尘埃物质密度 ρ_d。指的是运动速度远小于光速的非相对论物质，包括通常所见的明物质（原子类）和暗物质。当 $a(t)$ 变化时，宇宙空间的体积增长正比于 a^3，物质是守恒的，因而其密度便反比于 a^3 变化。即 $\rho_d = \rho_{d,0}/(a(t))^3$。因为现今的标度因子 $a(t_0)$ 被定义为 1，所以 $\rho_{d,0}$ 指的是现今的尘埃物质密度。

（2）与辐射有关的能量密度 ρ_r。指的是那些静止质量为零，或接近零的相对论粒子，如光子、中微子等对密度的贡献。当 $a(t)$ 变化时，与辐射有关的能量密度反比于 a^4 而变化。即 $\rho_r = \rho_{r,0}/(a(t))^4$。这里 $\rho_{r,0}$ 是现今的辐射密度。

（3）真空能量密度 ρ_v。指与暗能量，或宇宙常数 Λ 有关的贡献。当 $a(t)$ 变化时，宇宙的真空能量密度不变，保持为一个常数。即 $\rho_v = \rho_{v,0}$。

（4）与曲率因子 k 有关的密度 ρ_k。当 $a(t)$ 变化时，宇宙空间的曲率因子 k 不变，即空间整体弯曲的几何性质不变。但除了 $k=0$ 的平坦宇宙之外，宇宙的曲率半径会改变，半径的增长正比于标度因子，相对应的密度则反比于 a^2。即 $\rho_k = \rho_{k,0}/(a(t))^2$。这里 $\rho_{k,0}$ 是现在的曲率密度。

上面列举的 4 种"物质密度"，只有第一类是我们熟知的通常意义下的物质密度。其中还包括了我们不熟悉的暗物质。正如前面提到过的，能量也被包括在物质中，比如第二类辐射能和第三类真空能。值得一提的是第四类：与曲率因子 k 有关的密度。实际上，与空间几何有关的这一项很难被称之为"物质"密度，只不过是为了数学上的完整而赋予其某种物质密度的意义而已。也有文献将第二类称为"空间曲率密度"。

宇宙学家们更为感兴趣的是这 4 种密度的相对比值：Ω_d、Ω_r、Ω_v、Ω_k。在一定条件下，4 个 Ω 之和等于 1，4 个比值则分别代表了每一类"物质"形式对宇宙大小变化的贡献。

一般来说，影响宇宙膨胀速度的 4 种因素同时存在，使得弗里德曼方程难以求解。但我们可以分别考虑某一种因素为主导（其他 3 项为 0）时的简化情况而求解方程并得到以下结论：

(1) 如果尘埃物质(明+暗)起主导作用，$a(t) \sim t^{(2/3)}$；

(2) 如果辐射起主导作用，$a(t) \sim t^{(1/2)}$；

(3) 如果真空能量密度(暗能量)起主导作用，这时的哈勃常数是时间的常数，$a(t) \sim e^{Ht}$；

(4) 如果曲率 k 起主导作用，$a(t) \sim t$，如上所述，曲率这一项比较特别，需要针对 k 的 3 种不同情况分别讨论，见后面章节。暂时不予考虑，也就是令 $k=0$，除非特别说明。

不难定性地画出前 3 种情况下宇宙之尺度变化的时间曲线：当尘埃物质起主导作用时，宇宙大小按照 $t^{(2/3)}$ 的规律增长；当辐射起主导作用时，宇宙大小按照 $t^{(1/2)}$ 的规律增长；真空能量密度(暗能量)起主导作用时，宇宙尺度随时间指数增长。3 种情形都得出"宇宙膨胀"的结论，只是膨胀的速度有所区别。

因为宇宙尺度变化率就是哈勃常数：$H = (da/dt)/a(t)$，所以，从上面得到的弗里德曼方程的解，可以导出 3 种情形下哈勃常数对时间的变化规律。当暗能量为主时，H 为常数，不随时间变化；如果尘埃物质为主，$H = (2/3)(1/t)$；如果辐射为主，$H = (1/2)(1/t)$。尘埃物质或辐射为主时，哈勃常数都与时间成反比，因为宇宙演化的时间尺度很大，可以将前面的系数(2/3)或(1/2)略去而得到：

$$t = 1/H \tag{8-1-2}$$

既然上面所述的 3 种情形中宇宙都是在膨胀，尺寸随时间增大而增大，那么如果我们往时间的反方向追溯回去，宇宙的尺寸就应该是越来越小，在某一时刻小到极小值 0！这意味着宇宙有一个时间的起点，我们不妨将这个时间起点定为 $t=0$。这也就是大爆炸思想的来源。而如果再将式(8-1-2)应用于现在的宇宙，便得到一个重要而有趣的结论：从时间起点 $t=0$ 开始，宇宙的年龄应该是哈勃常数的倒数。哈勃常数是一个可以测量的数值。

哈勃本人使用测量星系红移(对应速度)与星系光度(对应距离)之关系而得到了哈勃定律并给出了哈勃常数(斜率)的数值。从哈勃常数的倒数，便可以得到宇宙现在的年龄。不过，哈勃当初测量的哈勃常数很不准确，是现在测量数值的

7～8 倍,由此算出的宇宙年龄只有现在估算的宇宙年龄(137 亿年)的 1/7。比天文学家们测量估算到的许多恒星的年龄还小得多！好像是宇宙还没诞生恒星就诞生了,这不是笑话吗？这也是大爆炸模型多年来不被学界认可的原因之一。

　　总之,弗里德曼方程的结论给出了一个时间可能有起点的假设。但是,在这个时间起点,宇宙空间的尺寸也会变成极小,这就不是一句话能够解释清楚的了。还不用将空间挤压到极小,只要小到一定的范围就足够物理学家们头疼。如此巨大的宇宙空间,包含了数不清的如同我们银河系一样的星系,每个星系中都有数不清的恒星、行星、白矮星、中子星……以及大量的物质和能量。将它们越来越密集地挤压在一起的时候,会发生一些怎样的物理过程？这是宇宙的大爆炸模型需要回答的问题。

我们曾经讲过"庄周梦蝶"的故事。庄子还写了另一篇与宇宙有关的寓言,叫作"浑沌开窍",简译如下:

南海之帝倏,北海之帝忽,中央之帝名浑沌。倏忽二人经常在浑沌之领地相遇同乐,他们可怜浑沌无目无耳无鼻无口无心无智无识,只有混沌一团,无法享受世俗之美好。倏和忽商量为浑沌凿开七窍而报答他。于是他们就一天凿一窍,凿到第七天,七窍全凿通时,浑沌就死了。

庄子善于将古代神话故事改造为寓言以阐述其哲学思想。此篇寓言中的浑沌,取之于中国古书《山海经》中的创世神话:"天地混沌如鸡子,盘古生其中。"几乎每个古老的文明都有他们的创世神话。以上两句所说的是中国古代"盘古开天地"的神话,基督教圣经的创世纪一章中也有上帝造物七天而完成的说法。

庄子将创世之初宇宙的浑沌状态拟人化,讲述了倏、忽、浑沌三个人的故事,庄子在文中并没有交代清楚浑沌为什么七窍一通就死了?但正是这种言犹未尽的风格才给予了后人无限联想的空间。认为他是在宣扬他崇尚自然、有道无为的道家思想:凡事不可强求,只能顺其自然。

在古汉字中,"倏"字和"忽"字都是"极快"的意思,与时间有关。倏为南帝,忽为北帝,混沌为中间之帝,这里的南、北、中显然是代表空间。这个故事描写得太妙了,时空交接处为"混沌",七日之后,混沌开窍而死去,宇宙是否就从混沌中诞生了?这不就有点像是现代宇宙学中大爆炸模型的写照吗?

不过,神话毕竟是神话,七天便创造了世界的一切,想象得太简单了!科学不一样，宇宙如何从混沌一团走向尘埃落定？如何组织、合成了现有的各种物质成分？以至于最后如何演化、凝聚，形成星球和星系？直到诞生生命、产生意识，进化到人类。其中每一步都要有合理的理论模型来支持和解释。所幸物理学从伽利略、牛顿之后发展了几百年，加上其他科学技术近几十年来的长足进展，人类的知识宝库已经异常丰富了。从微观、宏观，到宇观；从电子、中微子、夸克等基本粒子，到电力系统、网络系统，再到核能的研发和利用、天文观测技术的进步，以及生物学等学科的研究成果，几乎各个层次的理论和实验都能够在宇宙演化的漫长旅程中找到相关的应用。

为宇宙建造数学模型的弗里德曼是个数学家，其理论涉及的仅是宇宙的几何性质以及空间随时间变化的膨胀动力学。伽莫夫在此基础上提出的宇宙热爆炸理论，则包含了更多的物理内容，描述了宇宙演化和膨胀中的物理过程。

连古人都能想象宇宙诞生的景象。科学家们从宇宙膨胀的事实，自然地推论追溯到宇宙的过去。比利时的一位神父勒梅特，同时也是天文学家，他了解到哈勃的工作之后提出一个假设：现在的宇宙是由一个"原始原子"爆炸而成的。这可算是大爆炸说的前身，实际上，勒梅特当初也和弗里德曼一样，独立地找出了爱因斯坦方程的解。第七章中介绍的FLRW度规，以4位天文学家的名字命名，第1个字母"F"指的是弗里德曼，第2个字母"L"指的就是勒梅特。

伽莫夫接受并发展了勒梅特的思想，于1948年正式提出了宇宙起源的大爆炸学说。他认为宇宙的早期既没有星系，也没有恒星，显然也不可能是勒梅特所说的一个"原始原子"，而应该是一个温度极高、密度极大的由质子、中子和电子等最基本粒子组成的"原始火球"。这个火球宇宙迅速膨胀，密度和温度不断降低，然后才形成化学元素以及各种天体，最后演化成为我们现在的宇宙。

伽莫夫原本是苏联物理学家，1933年借一次参加国际学术会议的机会，离开了斯大林专制时代的苏联，在居里夫人的帮助下从事物理研究，最后定居美国。在西方自由宽松的学术环境下，伽莫夫如鱼得水，取得了一系列重要的研究成果，达到了事业的顶峰。

　　根据热大爆炸宇宙学模型,宇宙从高温、高密的原始物质状态开始演化和膨胀。第二次世界大战之前,核物理已经成为研究的热门,战争中一大批美国物理学家对原子弹的成功研发又将这个领域大大向前推进了一步。伽莫夫也不例外,将量子物理成功地用于原子核的研究,与众不同的是他将这个领域的成果应用到他年轻时候就着迷的宇宙学中。

　　20 世纪 40 年代,弗里德曼早已去世,伽莫夫却难以忘怀当初听这位老师讲授广义相对论时给予他的巨大心灵震撼。于是,伽莫夫指派他的学生阿尔菲研究大爆炸中太初核合成的理论。伽莫夫是个极为诙谐有趣的科学家,从列宁格勒大学时代开始,就喜欢开玩笑。即使人到中年,幽默感仍然有增无减,从他发表这篇大爆炸模型论文的过程便可见一斑。伽莫夫和阿尔菲研究了大爆炸中元素合成后认识到,宇宙的温度随着爆炸后其年龄的增长而逐渐降低。根据阿尔菲的计算,从早期极热的状态(大约 10^9 K)推算到今天,宇宙经过了漫长的岁月,应该冷却到绝对温度 5K 左右,这是对之后发现的微波背景辐射的最早预言。论文发表之前,伽莫夫"玩"心大发,发现阿尔菲和他自己的名字第一个字母正好和 α、γ 谐音,心想中间再加个 β 就好了,可以拼凑成一个有意思的作者组合(希腊语开始的 3 个字母)。于是便说服当时已经颇有名气但并未参加此项具体研究工作的汉斯·贝特入伙,又将论文在 1948 年 4 月 1 日愚人节那天发表,称为 αβγ 理论[30]。此举当时就引起阿尔菲的不快,甚至多年后仍然微有怨言。

　　但是,宇宙大爆炸学说让一般人听起来离奇古怪,不可思议,也未被当时的主流科学界广泛接受。即使直到 20 世纪 60 年代初,如果谁在科学报告会上提到宇宙诞生于一场"大爆炸",仍然会引起听众一片哄笑,大多数人士会认为这是出于报告人的宗教信仰,或者是属于某种奇谈怪论。使得科学界的看法发生逆转的是半个世纪之前偶然被新泽西州两个工程师的观察所证实的"宇宙微波背景辐射"。另一方面,也由于天文学家们纠正了哈勃原来测量中的不足之处,从当时更为准确的哈勃常数推算出来的宇宙年龄增加到 100 亿～200 亿年,与最老的天体年龄相吻合,这个理论才逐渐被科学界接受。现在,大爆炸模型已经得到了当今天文观测最广泛且最精确的支持。虽然许多疑问尚存，但基本上被主流物理学界认为是迄今为止解释宇宙演化的最精确模型。

不过，大爆炸这个名字经常引起人们的误解，使大众认为宇宙是无中生有地从一次"爆炸"中产生。固然，仅仅从广义相对论，或者是由其导出的弗里德曼方程而言，似乎可以将时间一直倒推至零点（$t=0$）。但这个零点实际上只对应于数学上的时间奇点，并无明确的物理意义。后面我们还将详细解释这些概念，目前仅提醒读者注意：当宇宙空间的尺寸小到一定程度时，广义相对论便不适用了，应该代之以结合了量子效应[31]的更深一层的引力规律，但目前我们尚未有如此的物理理论。当年伽莫夫研究的太初核合成，是宇宙年龄从 3min 到 20min 之间的一段时间。如果用"原始火球"来形容早期宇宙的话，应该是最早能够观测到的"最后散射面"，那时候的宇宙从不透明变成透明，发射出大量光波一直延续到现在，成为环绕我们周围的"微波背景辐射"。"最后散射面"的确如同"浑沌开窍"，但那时候宇宙却早已诞生，差不多长到 38 万岁了！不过，与现在的 137 亿岁比起来，当然还只能算是婴儿阶段。

有意思的是,"大爆炸"这个名字是一个反对大爆炸理论的天文物理学家给取的。据说本来含有挖苦嘲讽之意,却不料不胫而走,广为流传,最后成为这个理论的正式名称。

弗雷德·霍伊尔爵士(Sir Fred Hoyle,1915—2001)是一个很有影响力的英国天文物理学家。当初霍金从牛津大学毕业后去剑桥大学攻读宇宙学博士,就是冲着霍伊尔的名声去的,不过后来学校给他指派了另一位物理学家夏玛。霍伊尔思维独特,颇具反叛精神,从年轻时代开始就藐视各种规章制度。据说他在读小学的时候就曾经因为太叛逆而挨了女教师一个耳光,把左耳给打聋了。大学毕业并获得硕士学位后,霍伊尔当时完全有资格获得博士学位再申请大学教职,走上大多数科学家一样的学术之路,但他却与众不同地放弃了这个机会。不过,在"二战"之后,他仍然以过人的聪明才智被聘为剑桥大学的数学讲师,后来成为教授。他还创建了剑桥大学的理论天文研究所,担任首届所长。但他始终无法与校方搞好关系,过分直率固执的霍伊尔,最后于1973年辞去剑桥大学的一切职务,成为一名独立科学家。

霍伊尔曾经做出过诺贝尔奖级别的工作。1983年,美国物理学家威利·福勒与印度科学家钱德拉塞卡分享了当年的诺贝尔物理学奖,引起学界一片争议,大多数人包括福勒本人,都感到迷惑和遗憾,认为有失公允。因为实际上,福勒的得奖工作——揭示元素恒星起源方面的贡献,是和霍伊尔一起合作完成的。并且霍伊尔的贡献无疑更甚于福勒。福勒提供了基本数据,而霍伊尔贡献的却是更为关键的原创性思想。

尽管诺贝尔奖委员会并未给出详细的解释，但人们认为这显然与霍伊尔的一贯自恃才高及他的倔强性格有关。一个典型的例子是他对关于发现脉冲星之事的责难。1974 年的诺贝尔物理学奖只授予了天文学家安东尼·休伊什而未提及休伊什的学生贝尔，霍伊尔公开指责休伊什因剽窃学生的观测成果而获奖，并言辞激烈地抨击诺贝尔奖委员会。因此有人猜测这在某种程度上使得霍伊尔成了他自己直言不讳性格的牺牲品。

如今我们都知道太阳的能量是来自于氢到氦的核聚变。这个思想是艾丁顿于 1920 年首先提出来的，但是当年的研究工作尚不能解释恒星中比氦更重的元素的起源。正是霍伊尔与福勒在 1957 年研究了恒星内部重元素的核合成过程，才回答了各种化学元素的起源问题，为生命形成、人类演化等研究奠定了基础。这个重要的结果被称为 B^2FH 理论，以他们和另外两位物理学家 4 人署名的文章发表在《现代物理评论》期刊上[32]。但最后因此成果而获得诺贝尔奖的却只有福勒一个人。

霍伊尔的研究领域非常广泛，包括天体物理学、宇宙学、核能利用等，他除了发表学术论文、著有许多学术著作之外，还写科普、科幻、电视剧等。但是，因为他的许多研究成果不符合主流的学术观点，本人的性格又傲慢固执、刚愎自用，以至于人们都几乎忘记了他的正确之处和科研成就，只记得他的反叛和不合潮流。

霍伊尔在宇宙学中最常被人提起的"事迹"就是与大爆炸学说的对决。现在看起来，伽莫夫提出大爆炸模型，计算元素丰度并预言微波背景辐射，在科学界应该是挺风光的。但当年完全不是这么回事，相信这个理论的人极少，被当作是伪科学或笑话。

1948 年，几乎与伽莫夫提出大爆炸理论的同时，霍伊尔与汤米·戈尔德和赫尔曼·邦迪一起创立了稳恒态宇宙模型。大爆炸理论认为宇宙在时间上有起点，稳恒理论则认为宇宙无始无终，一直都在膨胀，并且新的物质不断地从无到有地产生。1949 年霍伊尔在英国广播公司（british broadcasting corporation，BBC）的一次广播节目中首先使用"大爆炸"一词来嘲笑大爆炸模型，也借此比喻来强调两种宇宙模型的区别。在 1960 年左右，霍伊尔又改进了他的稳恒态模型，加入了局部的快速膨胀区域,得出万有引力常数随时间减小、地球在膨胀的结论。一直到了1965年,大爆炸学说所预言的微波背景辐射被证实,才使得大多数物理学家都接受了大爆炸理论。霍金曾经比喻说,微波背景辐射的发现是给稳恒宇宙理论棺材上钉上了最后一颗钉子。当初建立宇宙稳恒理论三员大将之一的邦迪也承认了稳恒理论已被推翻的事实。霍伊尔的另一位"伙伴"戈尔德则一直坚持到1998年,但后来也开始提出对稳恒理论的质疑,因为已经有越来越多的证据表明稳态理论存在严重的不可克服的问题,而大爆炸学说更符合天文观测的事实。三人中唯有霍伊尔,直至其2001年去世,始终都固执己见。

不过,霍伊尔的理论虽然有错误,但他的坚持仍然增进了人们对宇宙演化过程的理解。科学总是在和反对派的争论中才不断进步的。实际上,当初的霍伊尔也正是基于对大爆炸理论的质疑,才激发灵感,因而和福勒一起研究恒星的核合成。

大爆炸模型在实验方面有三大支柱:哈勃观测到的宇宙膨胀、宇宙微波背景辐射的发现,以及太初核合成理论对元素丰度的预测,它们是支持大爆炸理论三个最重要的证据。

太初核合成理论是伽莫夫等人在 $\alpha\beta\gamma$ 文章中提出的,但霍伊尔认为这个理论很可笑,怎么可能"在远小于煮熟一只鸭子或烤好一份土豆的时间里"宇宙就发生了从基本粒子到一系列元素的合成演化呢? 这个疑问启发他和福勒一起在20世纪60年代研究恒星核合成而得到了这个名垂青史的重要结果。现代天体物理学的观点是:太初核合成中生成了氢、氦、氘等轻元素,恒星核合成则完成了从轻元素到各种重元素的转化。所以,霍伊尔虽然反对大爆炸理论,但对大爆炸宇宙学的贡献实际上也是不可忽略的。

晚年的霍伊尔沉湎于某些奇异念头中不能自拔。比如他固执地认为地球是因为遭到外太空微生物的袭击而导致流感和其他疾病的爆发。他口无遮拦,在事实不足的情况下指责大英博物馆等机构造假。霍伊尔过分傲慢和顽固不化的处世态度固然不可取,但他这种在科学界少见的直率较真、标新立异,不遵从社会门户之见的治学风格,也算是留给我们的一份难得的宝贵遗产。

微观世界的秘密

物理学研究中有两个极端：极小微观的粒子物理和极大宇观的宇宙学。大爆炸理论使得这两个尺度具天壤之别的研究领域相互"联姻"。事实上，宇宙早期模型就是一个超高能物理世界，没有量子力学和粒子物理就不可能彻底破解宇宙奥秘。因此，有必要在这里介绍一点量子力学及粒子物理的知识。

（1）普朗克尺度

前面曾经说过，广义相对论在宇宙小到一定程度就不适用了，小到什么尺度呢？这个尺度叫作普朗克尺度。德国物理学家马克斯·普朗克（Max Planck，1858—1947）是量子力学的创始人，他的名字经常和量子理论中的一个基本常数：普朗克常数，连在一起。量子力学背后的基本思想是波粒二象性。比如说，频率为 ν 的光波可以看成是由一个一个的量子组成，每个量子的能量是 $h\nu$，这里的 h 便是普朗克常数。普朗克常数是一个很小的数，大约等于 6.626×10^{-34} J·s，它的出现标志着需要使用量子物理规律。

普朗克尺度也是以普朗克的名字命名，它指的是必须考虑引力的量子效应的尺度，比刚才所说一般量子力学应用的尺度还要小很多。因为在这样的尺度，引力的量子效应变得很重要，需要有量子引力的理论。在这儿，尺度的意思可以理解为多种物理量：长度、时间、能量、质量。所以，普朗克尺度便可以用普朗克质量、普朗克能量、普朗克长度、普朗克时间中的任何一个来代表。

有一个问题：为什么可以用"长度、时间、能量、质量"来表示同一个东西呢？这是因为理论物理学家们经常使用一种特别的单位制，称为自然单位制。在自然单位制中,将一些常用的普适常数定义为整数 1,这样可以使表达式看起来大大地简化。比如说,如果将光速的单位定为 1,爱因斯坦的质量能量关系式 $E=mc^2$ 便简化成了 $E=m$,意味着在这个单位制中,能量和质量的数值相等了!除了光速 $c=1$ 之外,普朗克自然单位制中,将引力常数和约化普朗克常数(等于普朗克常数除 2π)也定义为 1。

所以,如果我们首先规定了普朗克质量的数值,那么通过自然单位制的转换便可以得到其他 3 个值。在国际标准单位制中,它们的数值分别是:普朗克质量($2.176\,45\times10^{-8}\,\mathrm{kg}$)、普朗克能量($1.22\times10^{19}\,\mathrm{GeV}$)、普朗克长度($1.616\,252\times10^{-35}\,\mathrm{m}$)、普朗克时间($5.391\,21\times10^{-44}\,\mathrm{s}$)。从以上数值可以看出:普朗克长度和普朗克时间都是非常小的数值,因为原子核的尺寸也有 $10^{-15}\,\mathrm{m}$ 左右,比普朗克长度还要大 20 个数量级。探测越短的长度,需要越高的能量,因此,普朗克能量是一个非常大的数值,大大超过现代加速器能够达到的能量($10^4\,\mathrm{GeV}$)。

换言之,普朗克尺度是现有的物理理论应用的极限。大爆炸模型只能建立在这个尺度以内,宇宙的年龄 t 不能倒推到零,顶多只能推到比普朗克时间大一点的时候。

(2) 不确定性原理

不确定性原理有时也被称为"测不准关系"。根据不确定性原理,对于一个微观粒子,不可能同时精确地测量出其位置和动量。其中一个值测量得越精确,另一个的测量就会越粗略。比如,如果位置被测量的精确度是 Δx,动量被测量的精确度是 Δp 的话,两个精确度之乘积将不会小于 $\hbar/2$,即:$\Delta p\Delta x\geqslant\hbar/2$,这里的 $\hbar$ 是约化普朗克常数。精确度是什么意思?精确度越小,表明测量越精确。如果位置测量的精确度 Δx 等于 0,说明位置测量是百分之百的准确。但是因为位置和动量需要满足不确定性原理,当 Δx 等于 0,Δp 就会变成无穷大,也就是说,测定的动量将在无穷大范围内变化,亦即完全不能被确定。

虽然不确定性原理限制了测量的精确度,但它实际上是类波系统的内秉性质,是由其波粒二象性决定了两者不可能同时被精确测量,并非测量本身的问题。因此,称之为不确定性原理比较确切。

以现代数学的观念,位置与动量之间存在不确定性原理,是因为它们是一对共轭对偶变量,在位置空间和动量空间,动量与位置分别是彼此的傅里叶变换。因此,除了位置和动量之外,不确定关系也存在于其他成对的共轭对偶变量之间。比如说,能量和时间、角动量和角度之间。

（3）统一理论和标准模型

根据大爆炸理论,在宇宙演化的早期,所有物质处于高温、高压、高密度、高能量的状态。那种状态正是人类花费大量经费制造高能粒子加速器所想要达到的目标。因此,理论物理学家们将近年来粒子物理中的统一理论[33]用于宇宙早期演化过程的研究。

在这条漫长的统一道路上,目前人类走到了哪里呢?

图 8-4-1 的示意图中,中间的"能级阶梯"被画得像一条通向远处的高速公路。实际上它也的确象征了粒子物理学家们所期望的加速器能量不断增大的漫长征途。在"能级阶梯"的左侧,向上的箭头以及标示出的各级能量数值,表示不断增加的加速器能量,以便能探索到越来越小的物质结构。右侧显示的长度数值,便是相应的能量级别能够达到的微观尺度。比如说,当能量达到 10^6 GeV 附近时,相对应的长度数值是 10^{-21} m 左右(原子核的大小被认为大约是 10^{-15} m)。目前,欧洲大型

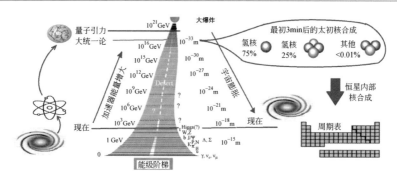

图 8-4-1　大爆炸模型将粒子物理和宇宙学交汇在一起

强子对撞机的最高能量据说可达 13TeV 左右,在图中的位置比标示着"现在"的那条水平红线稍微高一点点,代表了目前加速器能达到的最高水平。

我们常见的物质都是由化学元素表上的各种原子构成的,原子又由质子、中子和电子组成。那么,质子、中子和电子,再加上光子,是否就是组成整个世界的基本粒子呢? 也许在 20 世纪 40 年代之前,人们是这样认为的。但后来,科学家们从宇宙射线和粒子加速器中发现了越来越多的"新粒子",到了 60 年代,观察到的不同粒子高达 200 多种,被科学家们笑称为"粒子家族大爆炸"。大量的"粒子"数据,促进了粒子物理和统一理论的研究和发展。

根据粒子物理现有的理论,世间万物由 12 类基本粒子及其反粒子组成。其中包括 6 种夸克和 6 种轻子。除了构成物质实体的粒子(夸克、轻子等费米子)之外,粒子之间存在的 4 种基本相互作用: 引力、电磁、强、弱,由相应的规范场及其传播子来描述,如图 8-4-2(b)所示。图中还画出了被标准模型所预言最后发现的"希格斯玻色子",以及不知是否存在的"引力传播子"。

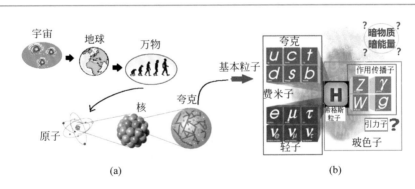

图 8-4-2 组成宇宙万物的基本粒子(不包括暗物质和暗能量)

目前的粒子物理标准模型,基本上被主流物理学界所承认,但尚未包括引力、暗物质、暗能量等。2012 年欧洲核子研究组织的物理学家们确认发现了希格斯粒子之后,标准模型终告完成。

对于 4 种基本相互作用,粒子物理学家们有一个共识: 当能量级别增高,基本粒子之间的距离减小时,4 种力将会走向统一。比如说,当能量增加到 10^{12} GeV 之后,即粒子之间的距离小于 10^{-17} m 时,电磁作用和弱相互作用表现为同一种力(标准模型)。如果能量再增高到 10^{18} GeV 时,强相互作用也和弱电一致了,3 种力实现大统一(大统一论)。如果距离再继续减小,能量继续增加到 10^{21} GeV 之后,到达量子引力阶段,引力也只好屈服了,4 种相互作用统一成一种(万有理论)。

从图 8-4-1 的能级阶梯也可以看出,我们的现代加速器技术,所具有的能量级别还很低,距离大统一理论及标志量子引力时代的普朗克能量 10^{19} GeV,还差好多个数量级！

当伽莫夫提出热爆炸理论的那时候,还没有夸克的概念,也没有图 8-4-2(b)表示的基本粒子分类表。因此,伽莫夫无法考虑宇宙极早期的物理过程。尽管我们现在所描述的现代宇宙早期演化模型,基本上仍然沿用了当年伽莫夫的理论,但已经根据粒子物理的标准模型,重新审视和诠释了宇宙在大爆炸早期的演化过程。

不过,没有任何人造的粒子加速器能比得过大自然的力量。我们所追求的目标——"能级阶梯"高能公路的终点,实际上就是宇宙大爆炸之初,时间的起点。在大爆炸开始的最初几分钟内,已经生成了质子、中子、中微子等,合成了某些原子核。因此,研究宇宙爆炸早期发生的事情,粒子物理理论将受益匪浅。

暂且不考虑暗物质、暗能量、引力子等未知的物质形态。我们知道,地球上以及宇宙中的可见物质,都是由各种原子组成的。原子又由原子核和被它束缚在周围的电子构成,由此而形成了各种"元素"。元素有天然发现的和人工合成的,有气体、液体、固体。元素的原子核有大有小有轻有重,元素周期表便是根据原子核中的不同质子数和中子数来给元素分类。也就是说,大千世界的不同万物、各种形态诸多的性质,最后都是由核中的质子和中子数决定的。

物理学家琢磨宇宙间物质的最小结构是些什么?化学家则喜欢关心宇宙中各种元素的成分比例,称之为"元素的丰度"。他们惊奇地发现,尽管元素周期表上列出了超过 100 种的不同"元素",宇宙中丰度最大的却是两种最轻的元素:氢和氦。这两者加起来约占宇宙质量的 98% 以上,而所有其他元素的质量之和才占大约 1%。氢和氦两种原子核之间在宇宙中的相对质量比例有所不同,分别为 3/4 及

1/4，如图 8-5-1 所示。考虑到氢原子核实际上就是一个质子，而氦原子核包括了两个质子和两个中子，从氢氦丰度比（3/4 和 1/4），我们不难得出宇宙中质子数和中子数所占的比例大约是（14 : 2）＝（7 : 1）。这是个"大约"的数值，原因之一是因为它仅仅来自于氢氦之比，完全忽略了占 1% 的其他元素的贡献。

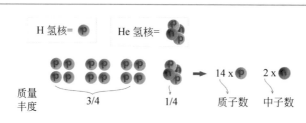

图 8-5-1　氢和氦的质量丰度

因此，大自然向科学家们提出了一个有趣的问题：为什么宇宙间物质中包含的质子数和中子数会有这样（7 : 1）的比例呢？这是否应该与宇宙演化过程中物质（原子核）的形成有关？

天文测量证实，氢氦等轻元素的丰度比在整个宇宙中的分布基本是均匀的，这个事实启发了伽莫夫，使他感觉这个比值不是来源于恒星形成之后，而是来自宇宙演化的早期。伽莫夫设想，也许早期的宇宙就像是一间厨房，宇宙中的各种元素（后来证明只是几种轻元素），都是从那时的高温高压下烹饪出来的？由此奇特的想法，伽莫夫于 1948 年创建了太初核合成的理论。

根据伽莫夫提出的"热爆炸"理论，离原点时间越近，物质就越是高温、高压、高密集，越是分离成为更为"基本"的成分。那么，从我们自信心较强的时间尺度（即爆炸后 10^{-35} s）开始谈起比较合适。那时候，引力作用已经分离出去，暴胀过程结束，宇宙温度大概为 10^{28} K，应该是一片以辐射为主的世界。然后，宇宙急剧膨胀，强相互作用也开始分离出去，出现了作为强相互作用交换粒子的胶子，并产生少量的轻子和夸克。随后的 1min 内，温度降低，整个宇宙逐渐以物质为主导，变成"一锅"炙热的夸克、胶子、轻子、光子"汤"，各种粒子频繁碰撞相互转化，处于热平衡状态,也形成了少量中子和质子。开始时,中子数和质子数大致相等,但比光子数少得多,只有光子数的几亿分之一。

中子和质子分别由 3 个夸克构成,夸克有 6 种不同类别,还分别有它们的反粒子。这里我们不详细叙述质子和中子的夸克结构,但不同的结构造成了它们质量上有一个微小的差别:中子比质子质量稍大(大约 0.1%)。正是这个微小的质量差别造成了宇宙演化中中子数和质子数的不同。

多粒子物理系统(经典的)热平衡时遵从一个简单的统计规律,即玻耳兹曼分布:

$$N = Ce^{-E/kT} \tag{8-5-1}$$

式中:N 是粒子数;E 是能量;T 是系统的温度;k 是玻耳兹曼常数;C 是比例系数。

简单地说,玻耳兹曼分布表明在平衡态下粒子数与能量和温度的关系。大自然总是尽量挑选"便宜"方便的事情做。能量低的粒子多,能量高的粒子数少。这点可以具体应用到中子和质子上,因为中子的质量更大,形成中子需要的能量比形成质子所需能量更高,因而中子数要少于质子数。此外,玻耳兹曼分布也与温度有关,温度越低,同样的质量差别造成的粒子数差别越大。因此,随着宇宙的膨胀,宇宙温度的降低,质子数与中子数的差别越来越大。在大爆炸后 1s 左右,有一段时期叫做"中微子退耦",这时质子和中子的比例从接近 1:1 的初始值已经增加达到 4:1 左右。中微子退耦打破了系统的动态热平衡,停止了原来质子中子互相转换的过程。虽然接下来玻耳兹曼分布不再是决定质子中子数目之差的主要原因,但由于中子自身的不稳定性,中子开始通过 β 衰变转化成质子,使得质子中子数之比继续增加。当大爆炸发生 3min 左右,质子中子比例接近 7:1。

如此想象下去,似乎质子会越来越多,中子会越来越少,因为自由中子寿命不长(平均寿命 10min 左右),所有的中子似乎都将衰变成质子。不过,事实并不是这样,那是因为我们忽略了另外一种现象的可能性。事实上,在大爆炸发生 3min 之后,宇宙的温度降到 10^9 K,已经有条件形成结构多于单个质子的稳定的原子核。

也就是说,太初核合成开始拉开序幕。比如说,1 个质子和 1 个中子可以结合成氘核;氘核可以再结合一个质子形成 ^{3}He 核;最后再结合中子组成氦核(^{4}He)。中子只在自由的状态下才容易发生衰变,当它们"躲"到氦核中去之后,却是分外地稳定。因此,这些核合成反应的最后结果,将宇宙 3min 内形成的几乎所有中子都结合到氦核中去了,此外,也形成了很少分量的氘核、^{3}He 核及 ^{7}Li 等。

如上的太初核合成过程延续了大约 17min,后来随着宇宙进一步膨胀、温度进一步降低,使得难以发生进一步的任何其他核聚变。简言之,太初核合成时间虽然不长,功劳却不小,它将宇宙 3min 时尚未衰变的中子"塞"进了氦核中藏起来,使得氢核和氦核的元素丰度固定在 75% 和 25%,将宇宙中质子与中子数的比例(7∶1)保存了下来。

这几种轻元素核(氢氦为主),是宇宙大爆炸早期埋下的"种子"。太初核合成"保存"下来的轻元素丰度数值,准确地与实验测量的丰度值相吻合,因而被认为是大爆炸理论的第二个强有力证据。

从现在测量到的哈勃常数值的倒数,计算出的宇宙年龄大约为 137 亿年。上一节中介绍的元素太初核合成,却在宇宙年龄从 3min 到 20min 左右就完成了。宇宙在 3min 之内发生了些什么? 20min 以后面貌又如何? 这是人们感兴趣的问题。

我们首先给宇宙 20min 之后到 137 亿年,从胚胎、婴儿、青年到如今,勾画一个大概的年表,以便读者对宇宙演化有一个粗略的认识。

再回到弗里德曼的宇宙膨胀模型,重温本章第 1 节中解出的描述宇宙膨胀的尺度因子 $a(t)$ 的几种主要情况:如果物质(尘埃)起主导作用,$a(t) \sim t^{(2/3)}$;如果辐射起主导作用,$a(t) \sim t^{(1/2)}$;如果真空能量密度(暗能量)起主导作用,$a(t) \sim e^{Ht}$。这里暂时假设了宇宙空间平坦,曲率因子 $k = 0$。

此外,我们还知道各种宇宙物质密度与尺度因子的关系,这样便能得到不同物质密度随着时间变化的关系。图 8-6-1(a)中 3 条不同的曲线分别表示物质密度、辐射密度、暗能量密度与时间(宇宙年龄)的关系。3 条曲线有 2 个交叉点值得注意:A 发生在宇宙年龄 4.7 万岁左右,那时候尘埃物质密度与辐射密度相等。另一个交叉点 B 是在宇宙年龄 98 亿岁左右,那时候暗能量密度超过尘埃物质密度,显然早已大大超过辐射密度,暗能量密度成为宇宙膨胀的主导因素。

根据热大爆炸理论,宇宙早期处于高压、高密度、高温状态,不仅星系和恒星不可能存在,也没有形成稳定的原子结构。早期一片混沌时的宇宙,能量主要由光子

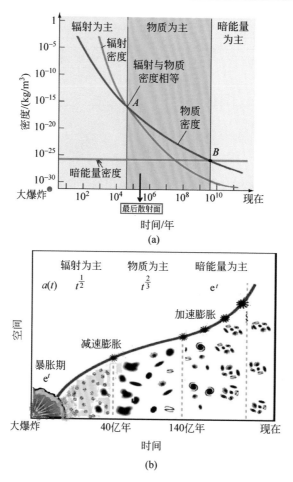

图 8-6-1　用弗里德曼模型解释宇宙膨胀过程

（a）辐射、物质、暗能量的密度随时间的变化；（b）宇宙空间的膨胀

主导。太初核合成结束后，光子频繁地与质子、电子相互作用，但仍然是辐射能量大大超过物质能量。因此，在大爆炸后直到 4.7 万年的宇宙，称之为辐射主导时期。之后，随着温度下降，原子形成，原子类物质和暗物质的能量逐渐超过辐射，成为主导部分。但是，无论是辐射相关的密度，还是明暗物质相关的密度，都随着宇宙空间尺度的膨胀而迅速下降，如图 8-6-1(a) 中的蓝色和红色曲线所示。因为暗能量密度（绿色曲线）始终保持在一个常量，不随时间而变化，最后在图中的 B 点

开始,成为宇宙演化的主导因素,使得宇宙尺寸随着时间指数增长。因此,宇宙从
4.7 万年到 B 点代表的 98 亿岁这段漫长的岁月,都算是物质主导时期。在
图 8-6-1 中没有讨论曲率 k 的作用,k 只能取 -1、0、1 这 3 个数值,分别代表 3 种不
同宇宙几何形状,并不影响宇宙膨胀的基本特征,此外,根据天文观测资料证实,宇
宙是基本平坦的,即 k 等于 0。

　　图 8-6-1(b)显示了宇宙物质密度从“辐射为主”,过渡到“物质为主”,再变成
“暗能量为主”期间内宇宙尺度的变化。如图所示,在辐射起主导作用时依据 $t^{(1/2)}$
规律,尘埃物质主导时依据 $t^{(2/3)}$ 规律,这两种情形都是减速膨胀,即标度因子 $a(t)$
对时间的二阶导数为负值。

　　在 1998 年之前,物理学家们尚未意识到“暗能量”的重要性。根据上面所说
的,无论是辐射密度导致的膨胀,还是物质密度导致的膨胀,都是减速膨胀。所以,
科学家们认为,虽然宇宙在膨胀,但膨胀的速度会越来越慢。但是,1998 年,三位
物理学家索尔·珀尔马特、布莱恩·施密特和亚当·里斯“透过观测遥远的超新星
而发现了宇宙正在加速膨胀”。这个观测事实改变了人们的看法,三位学者也因此
而荣获 2011 年诺贝尔物理学奖。之后十几年的观测数据,也证实了宇宙膨胀的速
度并非越来越慢,而是越来越快。

　　加速膨胀意味着标度因子 $a(t)$ 对时间的二阶导数为正值,在弗里德曼方程的
4 个解中,只有与爱因斯坦常数有关的“暗能量密度”一项,符合这点要求。也就是
说,爱因斯坦原来加到场方程中的宇宙常数 Λ 不能为零,将它请回来便有可能解决
这个问题,这便是大家知道的宇宙常数死灰复燃的故事。

　　宇宙从辐射主导变成物质主导之后不久,还有一个被称为“最后散射面”的重
要年龄点,这是发生在大爆炸之后的 38 万年左右,见图 8-6-1(a)中的标志。在这
个年龄之前,氢和氦原子开始形成时,原子核处于电离状态,电子游离在离子之间,
并不断地与光子和质子相互作用。也就是说,当电子尚未被原子核俘获形成稳定
的原子结构之前,宇宙处于“等离子体状态”,是由质子、中子、电子、光子以及少量
其他粒子混合起来的一大碗等离子体“热汤”,其中的光子不断被其他粒子反射和

吸收,自由传播的距离非常短。但因为宇宙不断膨胀,这碗热汤的体积不断增大,温度持续降低。此时电子跑不快了,便逐渐被离子捕获,两者结合形成中性原子,这个过程称为"复合"。在复合结束后,宇宙中大部分的质子都捆绑了某些电子,成为电中性的原子。中性原子与光子的相互作用大为减少,使得光子的平均自由路径几乎成为无限长,意味着光子可以在宇宙中自由通行,宇宙变得透明。这个事件通常被称为"退耦"。

图 8-6-2 中左图是放大了的最后散射面附近的辐射示意图。图中的水平方向代表时间,从左到右表示宇宙年龄增大。在最后散射面之前(左边),因为宇宙是混沌一片的等离子体,宇宙更早期辐射的光子,传播很短的距离便在等离子体中被多次反射、折射或吸收了,到不了右边。所以说,这一段等离子体期间像是一团"大雾",对宇宙更早期的光辐射而言是不透明的。宇宙更早期虽然也有光,但不能被"最后散射面"之后的观测者通过望远镜看见。直到宇宙 38 万～40 万岁,原子核和电子结合成原子,电子被原子核绑住了,行为规矩起来,不再轻易与光子作用,光子传播的空间大大增大,才能一直在宇宙中奔跑。再后来,宇宙继续膨胀,恒星、星系形成了,原来辐射的可见光的波长也因为空间膨胀而被拉长。最后,当我们地球上的观测者接收到这些光子时,它们的波长已经被拉长到了微波的范围,宇宙的温度也从最后散射面时期的 3000K 左右降低到了 3K 左右,这便是我们提到过多次,后来还要详细介绍的微波背景辐射。

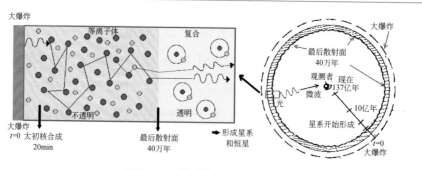

图 8-6-2　最后散射面的辐射

最后散射面时期的宇宙有大量的可见光辐射,如果近距离看的话,整个宇宙"天空"都如同我们现在看见的太阳。怎么才叫"近距离"看? 只能想象在宇宙40万年左右就进化出了某种生物,它们那时看到的宇宙就应该是满天一片"灿烂的太阳"! 但这种想象中的生物是不可能存在的,从复合成原子到出现生命,宇宙还有漫长的路要走! 走到如今,大自然中终于进化出了能够探测到这种辐射的人类。不过,遗憾的是,我们现在只能从距离散射面137亿光年的"远距离"来观测它,当初的"灿烂太阳",如今已经变成了满天"看不见的微波"!

虽然宇宙演化至今的时间漫长,但其中令宇宙学家们感兴趣的"亮点"却好像暂时不太多。原因主要是我们观测手段的限制。探测宇宙的演化可不是那么容易的。宇宙学就像"考古"一样,越久远的事情就越难以搞清楚,何况宇宙学"考"的是100多亿年之前的广漠宇宙之"古"。宇宙演化漫长的岁月中,有无限多的未知"时间段"需要"考证"。

最后散射面之后的很长一段时间,从大爆炸之后的1.5亿年到8亿年,被称为宇宙的"黑暗时期"。最后散射面的光子可以毫无阻拦地自由穿过这段黑暗时期,但黑暗时期本身的辐射却产生得很少,因为那时候的宇宙中只有电中性的原子到处晃荡,星系和恒星尚未形成,没有核聚变提供大量辐射能量,唯一的辐射是中性氢的电子自旋释出的21cm氢线。

不过,这种中性原子主导的"黑暗"宇宙只是处于一种暂时的"动态平衡"中,不安分的种子早就已经暗藏在貌似光滑均匀的"最后散射面"上。在经历了天长日久的潜伏之后,终将耐不住,一个一个在黑暗中爆发。事实上,早期宇宙的均匀混合物表面上有很小的密度起伏,这些密度涨落,即均匀宇宙中的小偏离,按照引力规律演化后结团,后来大量的物质坍缩形成星系。

目前观测到的最早的星系形成于大爆炸后3.8亿年左右。大多数人认为恒星是星系物质进一步碎裂的产物,大爆炸之后约5.6亿年,第一代恒星开始形成。最初的恒星和类星体在引力坍缩下形成。它们发出强烈的辐射使周围的宇宙再电离。之后,大量的小星系又合并成大星系,星系的引力彼此拉扯形成星系群、星系团和超星系团。天文学家们估计银河系的薄盘形成于大爆炸之后 50 亿年左右。又过了几十亿年，太阳系开始形成和演化，后来形成地球、产生生命，直到现在。

我们再简略描绘一下大爆炸后 3min 内宇宙演化过程中最精彩又最不可思议的一段。这一部分的故事首先由粒子物理的统一理论主宰。

普朗克时期开始于普朗克时间 10^{-43} s，所有 4 个基本作用无法区分。大一统时期始于 10^{-36} s，引力与其他作用分开，温度约为 10^{27} K。然后，是我们后面将介绍的宇宙暴胀阶段，在 $10^{-36} \sim 10^{-33}$ s 之间，宇宙的尺度增长了不可思议的大约 30 个数量级。

暴胀停止后，宇宙从重新加热到冷却，成为夸克、胶子等离子体，这个阶段持续到 10^{-12} s。从 $10^{-12} \sim 10^{-6}$ s 为夸克主导时期，此时宇宙膨胀、温度急剧下降，4 种基本力和基本粒子出现，表现为我们在目前所见到的形式。第 1s 之前是质子和中子等强子形成的时期，再进入到辐射为主的光子时期。然后，最初 3min 结束，开始核合成，直到第 17min 左右……

宇宙演化过程还有最后一个问题：宇宙的未来如何？这方面的研究就要考虑宇宙空间的曲率因子 k 的作用了，因为在宇宙标准模型中，其未来的演化情况与空间的几何形状有关。

仍然可以从弗里德曼方程来探讨这一问题。根据弗里德曼的理论，宇宙空间的形状有 3 种可能性：开放、闭合、平坦，取决于宇宙的质量密度。更准确地说，是取决于宇宙的质量密度与临界质量密度的比值 Ω_0（相对质量密度）。如图 8-6-3(b) 所示，临界质量密度：

$$\rho_0 = 3H^2/8\pi G$$

定义为当设定宇宙常数为 0 时产生平坦的弗里德曼度规的质量密度。以上 ρ_0 的表达式中，H 为现在的哈勃常数，G 是万有引力常数。这个临界质量密度大概是多大呢？据说大约是每立方米有 3 个核子（质子或中子）。

图 8-6-3(a) 表示大爆炸之后，由于质量密度的不同而形成了 3 种不同的宇宙

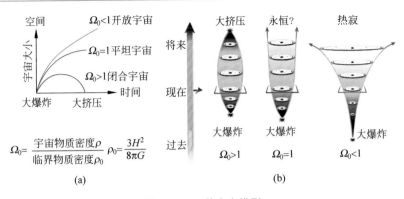

图 8-6-3　3 种宇宙模型

演化模型。这些模型预测了宇宙的未来。当 $\Omega_0 > 1$ 的时候,说明宇宙中的物质足够多,将产生足够大的引力,在一定的时候将使宇宙停止膨胀,开始收缩,最后变成与大爆炸过程相反的大挤压,让宇宙恢复到爆炸诞生时的炙热状态。反之,当 $\Omega_0 < 1$ 的时候,没有足够的质量产生足够的引力来使得物质保持在一起,因而宇宙将永无止境地膨胀,有可能最终走向"热寂"。也许千亿年以后,宇宙又将回到孤独的"宇宙岛"? 前面所述的这两种情况似乎都会使得人们对宇宙的未来忧心忡忡,尽管像是在杞人忧天,但大家总希望给宇宙一个好一点的结局。第三种平坦宇宙,对应于 $\Omega_0 = 1$,则介于上述两种情形之间。

我们的宇宙属于哪一种模型? 实际上,直接测量与估算宇宙的平均密度复杂而困难,能够估算的,顶多也只是可见物质构成的星体对平均密度的贡献。反之,依据现有的天文观测资料,天文学家们得到大范围内的宇宙是基本平坦的结论。这个平坦无限然而动态的宇宙图景,总算让人们心情舒畅了一些。

平坦宇宙需要满足 $\Omega_0 = 1$,也就是说,总的物质密度要等于临界密度。但从观测资料得到的发光物质的密度不超过临界密度的 1/10。加上看不见却明显表现出引力效应的暗物质,能达到百分之二十几,仍然远远不够,剩下的便只好请"暗能量"先生来补充了。

在此澄清几点对大爆炸和无限宇宙的误解(第九章中将有更多的讨论)。大爆炸并不是发生在空间中的某一点，而是发生在三维空间的所有点。如果对空间曲率为 0 的平坦宇宙模型，即是发生在整个"无穷大空间"的时间奇点上。因为我们使用的是平坦三维空间宇宙模型，其空间曲率总是为零，但时空曲率不会总是 0。实际上，在大爆炸发生时的那个奇点，时空曲率为无限大。三维空间虽然是平坦的，但温度却是无限高、质量密度无限大，爆炸发生在空间的每一点。大爆炸之后，时空膨胀，奇点转为正常的时空点。温度下降，质量密度降低，时空曲率减小（空间曲率始终为 0），原来体积就是无穷大的宇宙空间继续不断膨胀。

另外，需要把宇宙可能的 3 种演化模型与"可观测宇宙"区别开来。无论宇宙模型预料的宇宙是有限还是无限，可观测宇宙总是有限的。就我们所知，根据对宇宙微波背景的观测，大爆炸理论估计的宇宙年龄大约为 137 亿年。而光传播的速度有限，因而我们可以观测到的宇宙范围是有限的。因为我们能够探测到的最早的光是某些星球在 137 亿年之前发射出来的，光波发射之后，这些星球（星系）与地球之间的空间又经过了 137 亿年的"膨胀效应"。根据宇宙膨胀的模型以及天文观测得到的哈勃常数，可以估算出这些星系现在离我们的距离。这个距离远远超过 137 亿光年，大约是 465 亿光年。

将这个距离（465 亿光年）为半径，地球为中心，可作一个球面。球面包围的三维空间便是我们的"可观测宇宙"，球面是可观测宇宙的边界，称之为"视界"，或过去视界。

视界之外是什么？是"可观测宇宙"的延续，或许有限或许无限，根据图 8-6-3 中的 Ω_0 而定。虽然其中星球发射的光波暂时还到达不了地球，但它应该与我们能看到的宇宙部分大同小异，因为我们认为整个宇宙是处处均匀且各向同性的，这是宇宙学原理的基本假设。

既然视界之外的东西观测不到，何不让想象力尽量飞翔驰骋，也包括想象一个多宇宙的图景，假设除了我们观测到的宇宙之外，还有观测不到的其他宇宙"存在"，如果这个想象的假设对解释我们在"这个"宇宙得到的观测资料或者理论有帮助的话，又未尝不可呢？

再加上几句话，以强调和理清本书中对"宇宙"一词的使用。当我们谈到宇宙时，所指的可能有以下情形：宇宙学中泛指的作为研究对象的宇宙模型，或是指真实的宇宙。真实宇宙又有可能说的是有限的"可观测宇宙"，或者是包含了更多，或有限或无限的所有部分，我们在后面章节中将这个真实的可能是无限的宇宙称为"大宇宙"。其他大多数情况下的宇宙，则指以银河系为中心的"可观测宇宙"。

7.

探寻宇宙的第一束光

使大多数科学家转变观点、认真思考以致最终接受大爆炸模型的，是宇宙微波背景辐射的发现，是这些围绕在我们周围、无处不在的"古老之光"。不难明白，大多数人转变观点的缘由是，虽然轻元素丰度的测量值和理论预言值的确吻合得很好，但那不过只是几个简单的数字，其力量不足以扭转人们对稳态宇宙根深蒂固的信念。至于从哈勃开始就一直观察到的宇宙正在膨胀的事实，也不足以让人相信由此而倒推回到137亿年之前的景象是"真实"的。并且，宇宙在不在膨胀，或是否加速膨胀，普通人看不见也感觉不到，只听天文学家们这么说，许多人总是有些将信将疑。

然而，微波背景辐射不同，它就在我们身边。尽管微波不能被我们的肉眼看见，但人们，即使是非科学界人士，对这个名词并不陌生，基本上不会怀疑现代科学技术探测到它们的可能性。

当然，绝大多数人仍然相信"口说无凭、眼见为实"，即使不是亲眼见，也得有实验证据。所以当伽莫夫在20世纪40年代末从理论上预言微波背景辐射时，也没有多少人重视它，直到1964年美国贝尔实验室两位工程师的实验天线探测到它们，微波背景辐射才一跃成为天文中的热门研究课题。

微波背景辐射的实验发现就更具戏剧性了。谈及这件事情时，人们总是津津乐道地说："美国两位无线电工程师偶然发现了微波背景辐射"。但这种说法并不完全准确，对美国新泽西贝尔实验室两位诺贝尔奖得主当时（1964年）的资历和能力也有失公平。准确地说，阿诺·彭齐亚斯和罗伯特·威尔逊不仅是工程师，也可以算是科班出身的天文学家,他们分别从哥伦比亚大学和加州理工学院获得了博士学位。只不过他们那时对大爆炸理论的确一无所知,不是存心有准备地要探测宇宙中的微波背景辐射而已。

两位研究者的工作是射电天文学,他们看上了实验室附近克劳福德山上的一架废弃不用了的角锥喇叭天线。那是一个重达18吨的庞然大物,见图8-7-1(b),原来是用来接收从卫星上反射回来的极微弱通信信号的,不巧这个功能很快被之后发展得更为先进的通信卫星所替代。可以想象,那时候在研究经费上的分配,通信领域一定是大大优于天文研究的。因而,两位专家花了大量的精力和时间,将这个喇叭天线改造成了一台高灵敏度、低噪声的射电天文望远镜,准备用它来观测微弱的宇宙射电源。

(a)　　　　　　　　　　　　　(b)

图 8-7-1　微波背景辐射的发现者

(a) 普林斯顿大学迪克教授；(b) 新泽西贝尔实验室的彭齐亚斯和威尔逊

与此同时,离他们不远的普林斯顿大学,倒是真有一位叫 R. H. 迪克(R. H. Dicke,1916—1997)的物理系教授,他领导了一个小组,包括他的学生 D. 威尔金森(D. Wilkinson)等,正在建造一台 3.2cm 的射电望远镜,雄心勃勃地准备探测微波背景辐射。

这个故事正应了那句“有心栽花花不发,无心插柳柳成荫”的俗话。迪克教授的“花”还未来得及“栽”下去,那边克劳福德山上的两位科学家却被他们的“低噪声”设备接收到的大量“噪声”所困惑,不知其为何物？不难揣测,当迪克教授听到这个消息驱车前往仅有一小时车程的克劳福德山,并证实了两位工程师接收到的"噪声"正是他梦寐以求的微波背景辐射信号时,心情是何等复杂?虽然免不了遗憾,但更多的应该是惊喜:终于抓到被伽莫夫所预言的"宇宙大爆炸的余晖"了!

实际上,当时的迪克等人已经对伽莫夫的热爆炸理论作了很多深入研究,迪克甚至早于伽莫夫之前,就已经预言过空间中应该存在某种"来自宇宙的辐射"。20世纪60年代,他又带领学生重新投入这项研究,阿诺·彭齐亚斯和罗伯特·威尔逊接收到额外的"噪声"后[34],迪克坦诚地告诉他们这个工作对宇宙学的重要性,迪克将微波背景辐射解释为大爆炸的印记,并为此做了不少理论工作,预测其光谱应该是如图8-7-2所示的黑体辐射谱[35]。

微波背景辐射的发现对稳恒态宇宙理论是一个致命的打击,其代表人物霍伊尔试图用别的理论来解释它。比如说,他们认为,微波背景辐射也许是普通星系发出的光被宇宙中的尘埃吸收散射后的结果。但这点很快就被微波背景辐射光谱图的进一步测量结果否定了。因为结果表明,微波背景辐射具有近乎完美的$(2.725\,48\pm0.000\,57\mathrm{K})$附近的黑体辐射谱,宇宙中普通尘埃的散射光谱很难满足这一点。1990年,远红外光谱仪在宇宙背景探测者(COBE)上以高精密度的测量,证明了宇宙微波背景光谱精确符合黑体辐射的规律(图8-7-2(c))。在那年的天文会议上,当COBE的结果被展示在与会代表们面前时,1500名科学家不约而同地突然爆发出雷鸣般的掌声,欢庆大爆炸理论的重大胜利,它的"余晖"果然存在!

黑体辐射是一个热力学物理术语,听起来有点玄乎。这里的"黑体"并不一定要是"黑"色的,它是一个理想化了的物理名词,指的是只吸收、不反射的理想物体。不反射、不折射但仍然有辐射,那就是黑体辐射。绝对的黑体在现实中是不存在的,但实际上许多常见物体的辐射都可以近似地用黑体辐射谱来描述。我们知道,很多物体都会辐射电磁波:大到太阳,小到灯泡、烤箱、火炉,甚至还包括我们自己的身体在内,人体便是一个不停地向外辐射红外线的辐射源。

当新泽西的两位工程师第一次接收到微波背景辐射时,他们的接收器调谐到一个很窄的频率(160GHz),对应的波长在1.9mm附近。但是,物体辐射的电磁波

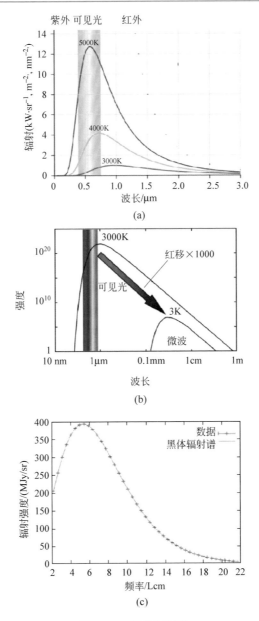

图 8-7-2 黑体辐射谱

（a）黑体辐射峰值的波长随黑体温度降低而增加；（b）3000K 的 CMB 黑体辐射，波长从可见光红移到微波；（c）COBE 探测的 CMB，精确符合黑体辐射谱

不会是一个单一的波长,而是按照不同强度分布在一段波长范围内,称之为"谱"。黑体辐射谱的规律就是如图 8-7-2 所示的曲线,它们具有特定的形状。为什么是这种形状?量子力学的先驱者普朗克回答了这个问题,正是因为普朗克对黑体辐射谱的研究而导致了量子力学的创立。

如图 8-7-2(a)所示,形状类似的黑体辐射曲线在"强度—波长"的坐标图中移来移去,它的位置只取决于一个参数:黑体的温度 T。那是因为黑体辐射是光和物质达到热平衡时的热辐射,因而只与温度有关。黑体辐射峰值的波长随黑体温度的降低而增加。反之,如果黑体的温度升高,其辐射波长便降低,光谱像蓝光一端移动。这个现象在日常生活中屡见不鲜,比如放进炉子中的拨火棍,温度升高时,颜色从黑变红,再变成橙、黄、蓝、白等。

根据热爆炸理论,早期宇宙(几分钟时)处于辐射为主的完全热平衡状态,光子不断被物质粒子吸收和发射,从而能够形成一个符合普朗克黑体辐射规律的频谱。但是,太早期的宇宙对光子是不透明的,也就是说,那时候的光子只是不断地湮灭和产生,没有长程的传播。直到宇宙膨胀温度降低到大约 3000K 时,电子开始绕核旋转,与原子核复合而形成稳定不带电的中性原子结构,大大降低了光子湮灭和产生的概率。光子从而开始在膨胀的宇宙空间中传播,亦即宇宙对光子而言逐渐成为"透明"。这时宇宙的年龄大约为 38 万岁,称之为"最后散射"时期。这是大爆炸之后,得以在宇宙空间中"传播"的"第一束光"!

这古老的"第一束光",其频谱应该符合 3000K 的黑体辐射,遗憾那时候星系尚未形成,没有高等生物,没有仪器探测到它们,也不可能被记录下来。不过,这些辐射一直存留在宇宙空间中,见证了宇宙 137 亿年膨胀演化的历程。如今,从 1964年开始,终于被人类发现并且能够捕捉到了。

137 亿年过去了,"第一束光"的波长因为宇宙膨胀而"红移",峰值波长从靠近可见光波长的数值,红移到了微波的范围,见图 8-7-2(b)。因为微波背景辐射所有电磁辐射的波长都发生了宇宙红移,所以表示黑体辐射规律的谱线形状并未改变。图 8-7-2(c)是 COBE 在 20 世纪 90 年代测量到的 2.725K 的微波背景辐射谱,图中可以看见实验测量值与理论值非常准确地符合。

　　微波背景辐射的黑体辐射谱，是对大爆炸宇宙模型的强有力支持，否则很难说明这种四面八方到处都存在的电磁波来自何处？只有 2.725K（约为零下 270℃）的微波，却准确地符合黑体辐射谱线，辐射源到底在哪儿呢？无论你对大爆炸理论信或不信，好像目前只有它能对此给出让人接受的较为合理的解释。科学不是政治，不同于党派之争，也不是宗教信仰，它是无数科学家共同的心血和结晶。真正的科学家不是只为了维护某一个学说而奋斗，也不会把打倒某个理论当作目标，他们的目的是实话实说、认识自然、纠正错误、探索真理。

8

隐藏宇宙奥秘的古老之光

物理宇宙学的理论基于爱因斯坦的广义相对论，但真正让它成为一门精准实验科学，要归于现代化的天文实验手段——探测卫星。其中宇宙背景探测者号功不可没。这是美国宇航局在 1975 年专门为了研究微波背景辐射而开始设计的测试卫星，于 1989 年被送上太空。之后，又相继有了威尔金森微波各向异性探测器和卫星，第二、第三代测试卫星。其基本目的都是为了更精确地测量 CMB。

总结起来，COBE 等测试卫星对现代宇宙学有三大贡献，上一节中所介绍的对 CMB 黑体辐射谱的测量是其一，本节要介绍的，是它的第二个功劳，有关 CMB 各向同性（异性）的测量。

测试卫星的第三个重要功劳是测量到完整的"宇宙红外背景辐射"。这也是宇宙背景辐射的一种，但辐射波长不是微波，而是在红外线的范围内。所谓背景辐射的意思是说它们来自四面八方，没有确定的发射源。天文学家们认为，红外背景辐射包含了恒星和星系形成时辐射的遗迹，以及宇宙中尘埃物质的辐射，它们对天文和宇宙学的研究也很重要，但这不是我们此篇要介绍的内容，暂且不表。人类花费血本，制造发射数个测试卫星，就为了探测这些弥漫于空中的温度极低的微波——CMB，那是因为这些来自于宇宙之初的古老之光中，隐藏着宇宙演化的奥秘。

CMB 是一种电磁辐射，黑体辐射谱线是它的频率特征。除了频谱特征之外，CMB 辐射还有它的时空特性。换言之，这种辐射是否随着时空而变化呢？时间效应便是上一节中介绍过的 137 亿年中谱线的宇宙红移。那么，CMB 随空间而变化吗？

空间性质有两个方面：均匀性和方向性。也就是说，从 CMB 测量到的黑体辐射温度是否处处相同？是否各向同性？第一个问题没有太多疑问，COBE 探测的结果主要是回答第二个问题。

图 8-8-1 中所示的 CMB 图所描述的便是从不同方向测量时得到的温度分布

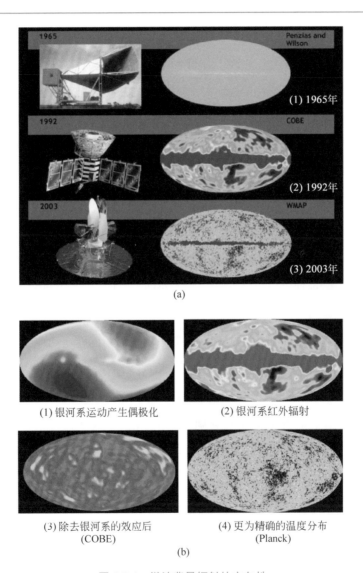

(a)

(1) 银河系运动产生偶极化　(2) 银河系红外辐射

(3) 除去银河系的效应后　(4) 更为精确的温度分布
(COBE)　(Planck)

(b)

图 8-8-1 微波背景辐射的方向性

（a）1965 年、1992 年、2003 年探测到的微波背景辐射；（b）微波背景辐射信息分析图。图中用不同的颜色代表不同的温度。椭圆中的不同点则对应于四面八方不同的观察角。

当CMB第一次被克劳福德山上的巨型天线捕捉到的时候，是均匀而各向同性的，各个方向测量到的辐射强度（可换算成温度）都是一样的，如图8-8-1(a)上方的第一个椭圆，均匀分布的颜色表明在各个方向接收到的CMB没有温度差异，这也正是当时确定它们是来自于"宇宙"本身而不是来自于某一个具体星系的重要证据。同时也在一定的近似程度上证实了爱因斯坦假设的宇宙学原理。

虽然根据宇宙学原理，宇宙在大尺度下是均匀和各向同性的。但是，宇宙更小尺度的结构也应该在更为精密测量的CMB椭圆图上有所反应。果然不出所料，探测卫星在1992年和2003年探测到的CMB图便逐渐显现出了细致的结构，如图8-8-1(a)的下面两个图((2)、(3))所示，它们已经不再是颜色完全均匀的椭圆盘了。

首先，我们所在银河系的特定运动将会反映到CMB图中。比如说，地球、太阳，还有银河系，都处于不停地旋转运动中，不同方向观察到的CMB黑体辐射的温度应该受到这些运动的影响。

图8-8-1(b)中的(1)描述的是因为太阳系绕银河系旋转运动产生的多普勒效应，它使得CMB图印上了偶极化的温度分布。在图中45°线对应的两个观察方向上，因为相对运动方向相反，产生了辐射温度的微小差异。从图中的红绿蓝3种不同颜色可看出这种偶极效应，温度差别被3种颜色上的差异放大了许多。实际上在图中，CMB的平均温度是2.725K，而用红色表示的最高温度，用蓝色表示的最低温度，不过只相差0.0002K而已。

银河系还在CMB图上盖上了另一个印记，那是由于银河系中星体的红外辐射的影响而产生的，图中表示为椭圆中间那条红色水平带，见图8-8-1(b)中的(2)。银河系整体呈圆盘状，太阳系位于圆盘的边缘，因而红外线发射看起来像一条宽带，正如我们仰头观看银河，看见的是一个光点密集的长条一样。

天文学家们利用计算机技术，可以将银河系的两种印记从CMB图中除去，这样便得到了没有观察者所在星系标签的真正"宇宙微波背景"图,见图 8-8-1(b)中的(3)和(4)。

精确测量的 CMB,已经不是完全各向同性的均匀一片了,它们显示出复杂的各向异性图案。如何分析这些图案? 它们来自何处?

我们已经知道,CMB 是从大爆炸后 38 万年左右的"最后散射面"发出来的。在那之前,宇宙呈现混沌一片的等离子体状态,引力和辐射起主导作用。光子不断地被物质粒子俘获,与它们发生快速碰撞,使得光子无法长程传播,只是不断地湮灭和产生,从而使得对于后来的"观测者"来说(包括 137 亿年后的人类),38 万年之前的宇宙是不透明的,看不见的。直到"最后散射面"时代,物质的原子结构开始逐渐形成,质子和电子牵手结合起来,不再热衷于俘获光子,而让它们自由传播,因此才有了我们现在接收到的 CMB,这也就是为什么我们将它们称之为"第一束光"的原因。

如图 8-8-2 所示,对右边的观察者而言,图左的"最后散射面"犹如一堵墙壁,使得我们看不到墙壁后面的宇宙更早期景象。但是,这是一堵发光的墙壁,这些光从处于 3000K 热平衡状态的"墙壁"发射出来,大多数光子的频率在可见光范围之内,它们旅行了 137 亿年,不但见证了宇宙空间的膨胀,也见证了宇宙中恒星、星系、星系团形成和演化的过程。当它们来到地球被人类探测到的时候,自身也发生了巨大变化:波长从可见光移动到了微波范围,因而,人类将它们称之为"微波背景"。也许有读者会问:"如果在宇宙诞生后 50 亿年左右,有高等生物探测到这些光,性

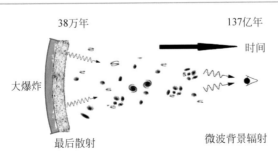

图 8-8-2 CMB 携带着最后散射的信息以及 137 亿年宇宙演化的信息

质又如何呢?"不难推测，那时候接收到的这些"第一束光"，也应该符合黑体辐射的规律，但波长就不是在微波范围了，可能要被称之为"红外背景"，不过还必须与星体产生的红外背景区别开来！（红外线太多，不知道会不会被热死？想得到答案需要点计算。）

从图 8-8-2 以及上文的描述，不难看出 CMB 巨大的潜力。这些光波不简单！它们就像是来自家乡的信使，能带给你母亲的思念，还能告诉你沿途的风景。CMB 波也是这样，它们经过了漫长的历史旅程，从两个方面携带着宇宙的秘密：一是最后散射面上的信息，二是宇宙中天体形成的过程。这些信息印记在 CMB 中，使得它们不应该是完全均匀各向同性的图案。

首先解释第一个信息来源：最后散射面。刚才不是说，最后散射面是一个热平衡状态的"墙壁"吗？这似乎意味着散射面上每一点都是一样的，是一个光滑的墙壁，因而没有什么有用信息。但这种说法显然不会是物理事实，热平衡是一种动平衡的量子状态，必然包含着物质密度的量子涨落。从宇宙后来因为引力作用演化而形成星系结构这点也可以说明，最后散射面上一定包含着我们现在看见的宇宙的这种"群聚"结构的"种子"，否则怎么会演化成今天这种形态而不是别的形态呢？此外，即使是被不透明"墙壁"挡住了的"早期宇宙"，是否也有可能在墙壁上印上一点淡淡的"蛛丝马迹"？问题是这种"胚胎"带来的"种子"信息，会在 CMB 图上造成多大的差别？理论家往往总是先于实验观测而给出答案。早在 1946 年，苏联物理学家利夫希茨（Lifshitz）曾经计算过这种温度的各向异性，他认为表现在 CMB 图案上应该造成 10^{-3} 左右的起伏。

第二个信息来源则是因为 CMB"途经"了宇宙后来的演化过程，如图 8-8-2 中从左到右，宇宙 137 亿年中经历的物理过程：原子形成，类星体，再电离，恒星、星系、星系团形成等，都应该在 CMB 上有所反应。打个比喻说，当人们观测发光的墙壁时，也应该观察到墙壁和观测者之间的飞虫、蝴蝶之类的动物投射的阴影。

以上两个原因都会造成 CMB 图的各向异性。物理学家们特别感兴趣"最后散射面"上的种子信息，它们将使我们观测到宇宙的"婴儿"时期，提供宇宙早期的信息。然而,从 1965 年 CMB 被发现,直到 20 世纪 90 年代初,25 年的天文观测从未看到过 CMB 结果中显示各向异性的图案。即使科学家们认为微波测量的精度已经达到 10^{-4},CMB 的图像仍然是均匀一片,理论家们预言的天体"群聚结构的种子"迟迟不肯露面。

物理宇宙学家们坐不住了,他们未曾证实的预言逐渐变成了其他科学家挖苦嘲笑的对象。还好,没过多久,先进的科技便帮了他们的大忙:COBE 传回了好消息! 1992 年,主要负责这项研究的美国物理学家、伯克利大学教授乔治·斯穆特(George Smoot,1945—)在分析了 COBE 发回来的三年 CMB 数据之后宣布,他们最后绘制的全天宇宙微波背景辐射的分布图,显示出了 CMB 辐射中只有十万分之一的各向异性起伏(见图 8-8-1(b)中的(3)),斯穆特将这个椭圆图形戏称为"宇宙蛋"[36]。

COBE 的结果令物理界振奋,斯穆特团队的发现立即上了头条新闻,被霍金誉为"本世纪最重要的发现"。人们形容看到"宇宙蛋"的椭圆图,就像看到了"上帝的手"(笔者更喜欢将其比喻为看到了"上帝脸上的皱纹")。后来,斯穆特和美国宇航局航天中心的高级天体物理学家约翰·C. 马瑟(John C. Mather,1945—),共同分享了 2006 年的诺贝尔物理学奖。

又是 20 多年过去了,第三代的普朗克(Planck)测试卫星对 CMB 更为精准的测量进一步证实了宇宙大爆炸的标准模型,以及与早期宇宙有关的"暴胀理论"。物理宇宙学度过了 20 年的黄金时期,同时也面临着前所未有的严峻挑战。

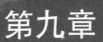

第九章

大爆炸的谜团和疑难

1.

对大爆炸的误解

近几十年来，宇宙学逐渐成为了一门真正的科学，宇宙的演化过程逐渐被人们了解。但在众人的理解中，即使是物理学、宇宙学方面的专业人士，却都难免存在许多的"误解"。

（1）大爆炸标准模型不是"无中生有"

这点前面已经述及，这里再次强调。从广义相对论和哈勃定律，可知宇宙空间在不停地膨胀、星体间互相逐渐远离的事实，不可避免地会得到宇宙早期高度密集的结论。以宇宙目前膨胀的规律回溯，星体间必然曾经靠得很近。并且离"现在"越久远，宇宙中星球的密度就会越大，同样多的"星体"占据的空间就会越小。再往前，星体便不是星体，而是因为短距离下强大的引力而"坍缩"在一块儿的混沌一团的等离子体。再往前推，物质的形态表现为各种基本粒子组成的"混沌汤"：电子、正电子、无质量和电荷的中微子和光子。推到最后，我们的"宇宙最早期"图景，便是一个密度极大且温度极高的太初状态，也就是说，我们现在的宇宙是由这种"太初状态"演化而来。称之为"大爆炸"。

仅仅从广义相对论这个"经典引力理论"而言，如上所述的"时间倒推"可以一直推至 $t=0$ 时刻，它对应于数学上的时间奇点。但是实际上，当空间小到一定尺度，也就是说时间"早"到一定的时刻，就必须考虑量子效应。遗憾的是，广义相对论与量子理论并不相容，迄今为止物理学家们也没有得到一个令人满意的量子引力理论。因此，我们将大爆炸模型开始的时间定在普朗克时间（10^{-43} s），或者更后一些，比如说，引力与其他三种作用分离之后（10^{-35} s）。这是物理学家们能够自信地应用现有理论的最早时间。任何理论都有其极限,我们的理论目前只能到此为止,至于更早期的量子引力阶段,可以研究,但现在的标准理论尚未能给出满意的答案。如果再进一步,有人要问:"当时间 $t<0$,大爆炸之前是什么"或者"什么原因引起了大爆炸"之类的问题,那就暂时无法回答了。

所以,目前来看,标准的大爆炸模型并不是一个无中生有的"创世理论",而只是一个被观测证实、得到主流认可的宇宙演化模型。宇宙的所有物质原本(从普朗克时间开始)就存在,"大爆炸理论"只不过描述宇宙如何从太初的高温、高压、高密度的"一团混沌"演化到了今日所见的模样。

宇宙的"演化"进程非常不均匀。温伯格曾经用一本书的篇幅,来描写宇宙早期(开始 3min)的进化过程[37],而直到"大爆炸"发生 4 亿—10 亿年之后,才逐渐形成了星系(图 9-1-1)。

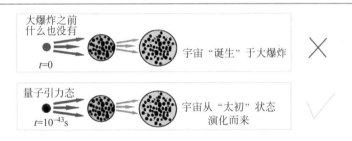

图 9-1-1　宇宙不是从大爆炸"无中生有"而"诞生"出来的

(2) 宇宙"爆炸"不同于炸弹的"爆炸"

"大爆炸"不是一个准确的名字,容易使人造成误解,会将宇宙演化的初始时刻理解为通常意义上如同炸弹一样的"爆炸":火光冲天、碎片乱飞。实际上,炸弹爆炸是物质向空间的扩张,而宇宙爆炸是空间本身的扩张。有趣的是,据说科学家们曾经想要改正这个名字,但终究也没有找到更恰当的名称(图 9-1-2)。

炸弹爆炸发生在三维空间中的某个系统所在的区域,通常是因为系统内外的巨大压力差而发生。发生时系统的能量借助于气体的急剧膨胀而转化为机械功,通常同时伴随有放热、发光和声响效应,影响到周围空间。

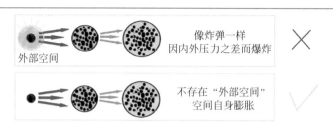

图 9-1-2　宇宙"大爆炸"不同于炸弹爆炸

对宇宙大爆炸而言，根本不存在所谓的外部空间，只有三维空间"自身"随时间的"平稳"扩张。有人将宇宙大爆炸比喻为"始于烈焰""开始于一场大火"，此类说法欠妥。

（3）空间扩张但星系不扩张

什么是"空间本身的扩张"？

之前曾经介绍过，我们三维空间可能的几何形态有 3 种：球面、平坦、马鞍型，根据宇宙总质量密度与临界质量密度的比值 Ω 而定，即取决于 Ω 是大于、等于或小于 1。如果认为宇宙是平坦而无限（如同 1998 年之后的观察结果所支持的：$\Omega=1.0010\pm0.0065$），二维"空间扩张"可以比喻成一个可以无限伸长扩展的平面橡皮薄膜。橡皮膜扩展时，上面的所有花纹也将扩展。宇宙空间扩展的情况则有所不同，如图 9-1-3 所示，空间膨胀时，星系的尺寸并不变大。这是因为"引起宇宙膨胀"和"维持星系形状"是两种不同的作用机制。星系的形状是靠一般的万有引

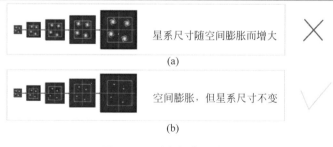

(a)

(b)

图 9-1-3　对空间膨胀的理解

力(吸引力)来维持。宇宙膨胀的机制尚未完全明确,一种说法是用爱因斯坦引进的宇宙常数来解释,这是一种互相排斥的"反引力"效应,由负压强产生(也就是所谓的暗能量),只在大尺度范围起作用。所以,大尺度范围的反引力使得宇宙膨胀,而局部起着主导作用的引力(吸引力)则维持星体聚集在一起,从而形成了图 9-1-3(b)所示的空间膨胀图景。

如上所述,宇宙膨胀,但星系并不膨胀。星系不膨胀,其中的星体、恒星、行星,我们的太阳、地球、月亮,都不膨胀。也就是说,只有"大尺度"(星系间的距离尺度)的空间才有可观测的膨胀效应,原子中原子核和电子间的距离却是保持不变的,其原因是在原子中起作用维持平衡的主要是电磁力,比较起来,引力作用可忽略不计。引力只在大尺度起作用,使得大尺度的、星系之间的空间膨胀,却并不改变更小级别的空间尺度。因而,我们日常所见的一切:树木、高山、房屋、桌椅以及度量用的"尺",都保持不变,与宇宙的膨胀无关。

当然,刚才所说的"星系不扩展",指的是"星系"还存在的前提下,强调的是现在(或将来)的观测结果,并不适用于将宇宙历史向大爆炸的原点倒推过去的情况。

(4) 可观测宇宙和"大宇宙"

自从望远镜发明以来,过去几个世纪的天文观测资料不断地调整着人类在宇宙中的地位。这是对我们自信心一次又一次的严重打击,将我们从自认为是宇宙中心的位置上拉下来,一步一步地往下拉! 最后,人类不得不承认我们脚下的这片看起来广袤无垠的土地,只不过是茫茫宇宙中毫不起眼的一粒尘埃! 而与整个宇宙比较起来,人类赖以生存的太阳系显得如此渺小。即使是整个银河系,也让我们大失所望,它在宇宙中不过是数十亿星系中的普通一个,毫无特殊性可言。

根据宇宙学原理,宇宙是均匀和各向同性的,因而整个宇宙没有中心。但是,很多时候我们所谓的"宇宙",指的是对地球(银河系)而言的可观测宇宙。可观测宇宙有中心,只是整个"大宇宙"的一部分,观测点则是"可观测宇宙"的中心。

大宇宙有可能是无限的,可观测宇宙则总是有限的。如果大宇宙是有限的话,理论上而言,它可以小于可观测宇宙。但根据迄今为止的天文观察资料,我们的宇宙接近"平坦"。而大宇宙无论有限无限，都应该是大大地大于可观测宇宙。

（5）宇宙大爆炸发生在空间每一点

该如何理解"大爆炸发生在空间每一点"？

大宇宙只有一个，但对每一个观测点都可以定义一个可观测宇宙。比如说，对银河系而言，目前可观测宇宙的大小是一个以银河系为中心半径为 465 亿光年的球，如图 9-1-4 所示。

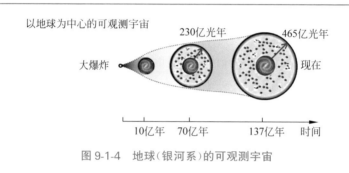

图 9-1-4　地球（银河系）的可观测宇宙

从大爆炸开始，宇宙在不停地膨胀。所以，离大爆炸的原点越近，可观测宇宙的范围越小。地球年龄不过 45 亿年左右，银河系的年龄则超过 100 亿年，因而图 9-1-4 可以表示以银河系为中心的可观测宇宙。早到宇宙年龄为 10 亿年左右，星系刚形成，从银河系大概只能观察到自己的星系。不妨假设银河系中心所在位置为 O_0。在接近大爆炸的时刻，可观测宇宙将缩小到弹子球乃至一个原子的尺度，假设那时仍然以点 O_0 为中心。因此，对银河参照系而言，最开始的大爆炸发生于其中心点 O_0。但是，银河系只是真实宇宙中一个普通的星系，对其他星系而言，存在另外的以其他点 O_1、O_2、O_3…为中心的可观测宇宙。对这些星系，大爆炸分别发生于点 O_1、O_2、O_3…也就是说，大爆炸发生于初始空间的每一个点，如图 9-1-5 所示。

如果真实宇宙是平坦而无限的，初始空间也基本上是平坦而无限的，大爆炸发生在这个无限空间的每一点。从大爆炸开始，本来就无限的宇宙，经历了暴胀、扩展、冷却、太初核合成、各种粒子不断地产生、湮灭……过程，最后演化成为我们现在所见的星系世界。

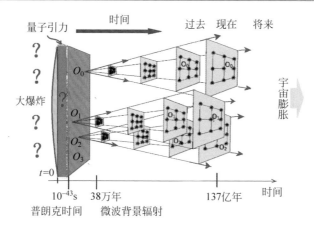

图 9-1-5　大爆炸发生在空间的每一点

有读者问：宇宙大爆炸，是什么大爆炸了？答案是时空大爆炸。时间从普朗克时间($5.391\,21\times10^{-44}\,\mathrm{s}$)开始，空间从普朗克长度($1.616\,252\times10^{-35}\,\mathrm{m}$)开始演化，有关普朗克尺度，请参考第八章第 4 节。

大爆炸之前的宇宙何在？这个问题也同样困惑着宇宙学专家。但答案没人知道。

解释大爆炸模型的图中经常将"大爆炸"画成（想象成）平坦无限的欧氏空间中的一个点，其实那不是一个点，那是时空开始时（爆炸）的整个世界。

229

2.

视界疑难

爱因斯坦建立广义相对论已经有 100 多年了,以其为基础在宇宙学中提出的大爆炸理论也已经被物理学家们广泛接受。不过,在 20 世纪的 80 年代之前,大爆炸理论碰到了几个难以解决的问题,"视界疑难"问题是其中之一。

"视界"一词的通俗对应物是"地平线"。不过,在天文、物理等领域中的不同场合下,经常用到这个词汇,需要小心加以区分。比如说,在黑洞物理中经常说到的"事件视界"是根据爱因斯坦场方程在特定条件下的史瓦西半径来定义的。

每个人都知道"地平线"是什么意思。当你坐船航行在大海上,放眼望去,视野中是一望无际的海洋,一直延伸到很远很远的地方。那里有一条线,是天和水的交接之处。四面八方的线连在一起则形成一个圆圈。早上的太阳从圆圈的东方某处升起,黄昏时分的落日掉向圆圈的另一边。这个标志着天地相接处的圆周,就是地平线。

地球上的观察者看到的地平线,与观察点离地面的高度 h 以及地球的半径 R 有关,见图 9-2-1(a)。简言之,地平线就是"可观测区域"与"不可观测区域"的分界线。图中的圆周将地球表面分成了两个部分,观察者可以看得到圆周以上的地球表面,但看不到圆周以下的地球表面。

图 9-2-1(a)中的圆圈也被称为"真地平线",是由地球的球面形状决定的。实际使用中还可以有一些别的"地平线"的定义。比如说,你站在被树木环绕的森林中,视线被挡住了,无法看见真正的地平线,但可以用"可见地平线"来代替。此外,在局部的天文观测中,还经常用到"天文地平线"的概念。

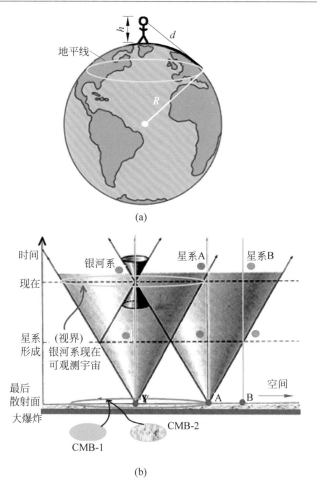

图 9-2-1　不同的"视界"
（a）地球上观察者的视界；（b）宇宙学中的视界

在宇宙学中也有地平线（视界），用以区分"可观测宇宙"和大宇宙。也类似于地面上地平线的不同定义，宇宙学中有"粒子视界""事件视界""哈勃视界""未来视界"等不同的说法，我们在此不详细给出各种定义，本文所言"视界"，大多数情况下指的是光学意义上与"可见宇宙"相联系的"粒子视界"。所谓"光学意义上"，即仅以"光"作为观测手段，而不考虑其他诸如引力波或中微子探测的可能性。

地球上的观察者看不到真地平线之下，是因为地面的弯曲所致。宇宙学中的观测范围被"视界"所限制，则有两个原因：一是宇宙的时间有起始点，二是光传播需要时间。有了这两条，即使宇宙不膨胀，也存在"可见"和"不可见"的分界线。

根据大爆炸理论，宇宙演化始于 137 亿年之前，但因为最后散射面之前的宇宙是"不透明"，即不可见的，因此利用光学手段，我们顶多只能看见宇宙诞生 38 万年之后的景象。在图 9-2-1(b) 中，垂直向上的方向表示从大爆炸开始时间的流逝。横轴代表空间（只能用二维表示）。此外，根据狭义相对论，光以有限的速度传播。对于现在银河系的观察者而言，某些星系发出的光，还来不及到达我们的观测范围。比如说，考虑图 9-2-1(b) 中所画的 3 个星系：银河系、星系 A、星系 B，它们的世界线在图中分别被表示为蓝、黄、绿三条垂直的直线。图中还画出了与银河系及星系 A 在最后散射面上位置（Y 和 A）点相对应的"光锥"。比如说，对星系 A 而言，只有光锥以内的观察者，才有可能探测到 A 点发出的光。从图中可见，银河系的观察者，正巧位于 A 点光锥的边界上，因此刚好能够收到 A 点发出的 CMB。比 A 点更远的，比如说 B 点发出的光，就来不及到达我们的接收器了。换言之，银河系现在的观察者，只能接收到图中所画的以银河系为圆心，银河系到星系 A 距离为半径的圆圈以内的星系信息。因而，这个圆（图上方的椭圆）便是现在的银河系观察者的"视界"。视界内的星系属于"可观测宇宙"，视界之外的星系（B），则不可见。虽然视界中包括的是现在的星系，但是实际上，"现在"接收到的 CMB 信息却是从 137 亿年之前的最后散射面发出的。也就是说，图示中的两个 CMB 结果（CMB-1 和 CMB-2），是来自于图中所画的下面一个圆圈，更准确地说，是来自于三维空间中的一个球面（最后散射面），也就是年龄为 38 万岁时候的宇宙。

微波背景辐射的结果 CMB-1 和 CMB-2，分别是观测精度较低时接收到的各向同性 CMB 和精度提高后接收到的各向异性 CMB 图。各向异性图中的温度也只有 10^{-5} 的相对差异。因此，CMB 的结果基本上（在 10^{-4} 的精度下）是各向同性的，其原因被解释为："最后散射面"对应的"婴儿宇宙"是一个 3000K 左右的等离子体热平衡状态。

如何才能达到热平衡呢？需要系统中的粒子互相碰撞而交换信息来达到能量平衡。也就是说，系统中不同的部分达到热平衡需要一定的时间。交换信息最快的方式是"光"，所以，热平衡的过程中也存在一个"视界"的问题，达到热平衡的各个部分至少要互相处于对方的"视界"以内。如果彼此不能"看见"，连最快的"光"都传不过去的话，又如何互相交换能量呢？这点在我们通常实验室中所见的热平衡系统中不是问题，但在我们讨论的早期宇宙演化过程中就不一定了，必须加以仔细考察。以下的图文便是说明原来的标准大爆炸理论中的确存在上面描述的"视界问题"。

图 9-2-1(b)中所画的光锥，是 45°直线（锥面），因为没有考虑宇宙的膨胀。如果考虑宇宙的空间尺寸随着时间而变化的话，光线传播的路径不再是 45°直线，而是由图 9-2-2(a)中的红线所描述的"液滴"形状。图 9-2-2(a)中使用的是宇宙物理空间的真实坐标。按照图中的假设，在最后散射面上互相距离为 1 格（大约 38 亿光年?）的 Y、A、B、C、D、E 等星系，演化到现在时，两两之间的间隔变成了 115 亿光年。星系 B 位于银河系"现在视界"的边缘处，对应于可观测宇宙的半径大约为460 亿光年。

如果像图 9-2-2(b)和(c)中那样使用"共动坐标"的话，可以使图像看起来简单一些。共动坐标中星系的世界线可以表示为向上的垂直线，因为尽管宇宙在膨胀，但星系之间的共动坐标距离并不改变。真实距离则等于坐标距离乘以宇宙的膨胀因子 $a(t)$。共动坐标中的光锥也仍然是 45°的直线。从图 9-2-2(c)可以看出，观察者的"视界"是随着时间改变的。因为宇宙有"起点"是形成视界的原因，使得人们的眼光顶多只能看到起始的那个时刻。那么，离起始点越远，便应该能看得越多的星系。比如说，图 9-2-2(c)中离得最远的星系 D（在 Y 的现在视界之外）最早期发出的光线，现在也还没有来得及到达银河系。但是，再过若干年之后将来的某个时刻，这束光线将会被银河系观察者接收到。所以，时间越往后，视界越来越大，会有越来越多的星系被看到。

如此一来，也可以反过来想：时间越靠近初始点，视界便会越来越小。视界太小的结果便会导致宇宙的部分之间失去关联。比如说,图 9-2-2(b)中的银河系 Y 和星系 B,它们互相位于对方的"现在视界"之内,也就是说,银河系现在的观察者可以接收到星系 B 过去发出的信息,星系 B 现在的观察者也可以接收到银河系过去发出的信息。但是,当我们追溯到宇宙 38 万岁时期的视界,就会发现,银河系 Y 及星系 B 相对应位置的视界是互相分离的,见图 9-2-2(c)中下方的两个小三角形。

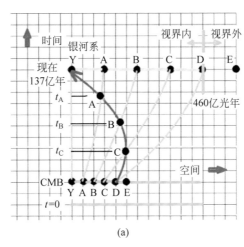

(a)

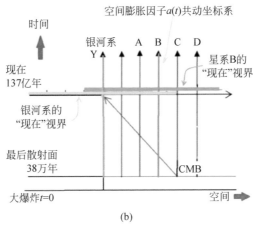

(b)

图 9-2-2　视界问题
（a）以银河系为中心的真实坐标系；（b）Y 和 B 在互相的"现在"视界内；
（c）但当宇宙 38 万岁时,Y 和 B 不在相互视界内,因为视界范围随时间减小而减小

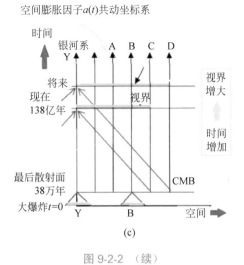

图 9-2-2　（续）

当然,那时候的宇宙只是一片混沌,星系尚未形成,更谈不上观察者互相"看得见、看不见"的问题,但是因为宇宙的 Y 部分与 B 部分互相不在彼此的视界以内,其中的物质粒子或辐射也就不能互相交换能量,达到热平衡的说法便有了问题。没有热平衡,便难以解释 CMB 图像为何是如此高精度(10^{-4})的各向同性。换言之,银河系的"现在"观察者,能够同时接收到两个小三角形处发射的 CMB。两个 CMB 代表的温度几乎完全一致,差别在 10^{-4} 以内,说明"当年"这两个地点曾经是热平衡的,但从它们"最后散射面视界"互相远离的事实,热平衡又似乎不可能,由此便造成了"视界疑难"矛盾。

3.

平坦性疑难

微波背景辐射是一个埋藏"宇宙之谜"的宝藏。挖掘不止,宝贝也层出不穷。如上节所介绍的,CMB 的图景太均匀了,给物理学家们提出了一个"视界疑难"。后来,在探测卫星的帮助下,人们终于发现了不均匀的图案,而应该如何来解释这个不均匀性? 又有了无数的问题摆在物理学家们面前。这些图案是随机分布的吗? 应该不是。那么,从这个各向异性、看起来星星点点的"宇宙蛋",能得到哪些宇宙演化的奥秘呢?

既然不均匀的"宇宙蛋"图像,是从宇宙 38 万岁时候的等离子体状态"婴儿宇宙"发出来的,这些"蛋上的斑斑点点"很可能反映了那碗等离子体"汤"的密度不均匀性。

密度不均匀意味着宇宙早期的等离子体中有振动模式存在,振动使得密度不均匀。可以用液体中的波动来比喻:如果往平静的水面上丢下一块石头,就会激起水中的涟漪,如图 9-3-1(a)所示,涟漪带动水分子振动,一圈一圈地向四周扩散。极早期宇宙中引力效应的量子涨落,也可能像水中的涟漪一样,以声波的形式在等离子体中传播。

研究波动最好的数学方法是傅里叶展开,如图 9-3-1(b)所示,便是水波傅里叶变换后的能量谱。能谱中的不同峰值分别对应于水涟漪中的基波和谐波。

不妨将各向异性"宇宙蛋"图案(图 9-3-2(a)),看作是等离子体最后散射面上被声波激起的涟漪。如此一来,也能仿照水中涟漪的情形,对此图案进行傅里叶变换。二维空间中直角坐标下的傅里叶变换是将图像在水平和垂直两个方向上展开

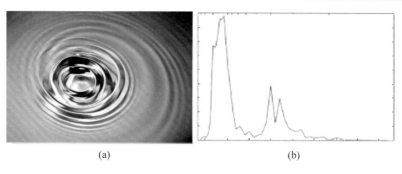

(a)　　　　　　　　　　(b)

图 9-3-1　水波及其傅里叶变换谱
（a）水中的涟漪；（b）傅里叶变换后的能量谱

成若干正弦（余弦）函数的叠加。CMB 的图貌似二维平面图像,但实际上它是由一个球面图投影而成,与从立体地球制成平面地图的过程相仿。实际上,CMB 的结果本来就是来自于对宇宙空间之"天球"四面八方的观测,最后散射面则是能够观测到的宇宙最外层的球壳。

因此,最方便的 CMB 图像分析法是使用球坐标中的球谐函数展开。物理学家们在得到了如此展开的角功率谱之后惊奇地发现,对角功率谱曲线的精确测量和分析,开启了早期宇宙研究的大门[38]。特别是,从角功率谱曲线的第一峰值的位置,可以验证宇宙的整体平坦性,如图 9-3-2(b)曲线所示。其他第二、第三谐波的峰值,也对重子物质和暗物质的成分比值计算,起了决定性的作用[39]。

说到宇宙时空的平坦性,有局部和整体两层意思。根据广义相对论的结论,物质的存在使得时空发生弯曲。因此,在质量巨大的天体附近,光线不走直线,宇宙的局部时空肯定不是平坦的。不过,宇宙学中感兴趣的是更大尺度范围内的另一种"整体平坦性"。弗里德曼度规将宇宙描述为按照时间因子 $a(t)$ 变化的一系列"三维空间",这个空间的"形状"简单地由曲率因子 k 所描述,k 可以取值（-1,0,1）,分别对应于 3 种不同的几何：马鞍面几何、平面几何、球面几何。其几何特征可以用一个特点作为典型代表：三角形的内角和分别小于、等于、大于 $180°$。

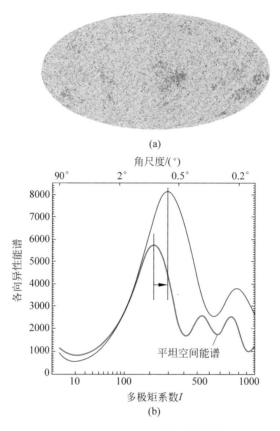

(a)

(b)

图 9-3-2　CMB 图和角分布功率谱

　　宇宙尺度的弯曲性仍然遵循广义相对论,由宇宙中物质的平均密度所决定。曲率因子 k 与空间的物质总密度 ρ 有关,或者说,与密度 ρ 和临界密度 ρ_c 的比值 $\Omega(=\rho/\rho_c)$ 有关。当宇宙空间中充满了太多的物质($\Omega>1$),即总物质密度 ρ 大于临界密度 ρ_c 时,宇宙的几何性质是球面几何;如果宇宙空间中物质总量太少,使得其密度小于临界密度的话,宇宙表现马鞍面几何;如果物质密度刚好等于临界密度,则为平面几何。

　　宇宙空间的整体几何形状也与宇宙是有限还是无限相联系。$\Omega>1$ 的球面几何对应于一个有限而无界的宇宙,$\Omega<1$ 的马鞍面几何对应于一个开放而无限的宇

宙。如果 $\Omega=1$，则为介于前两者之间的平直宇宙。但这个平直宇宙是有限还是无限却不一定。从嵌入三维空间的二维曲面的几何形状可知，曲率为零的二维平面是无限大的。然而，我们可以将一张平直的纸卷成圆柱面，柱面仍然是一个欧氏空间，二维中的一维成为尺度有限的圆，另外一维仍然是无限大。有人想，如果把另外一维也卷成一个圆圈，做成甜甜圈的形状，不就变成了有限的了吗？但甜甜圈表面的整体尺寸的确是有限的，但却不是一个平直的欧氏空间了。

刚才所说的是嵌入三维空间中的二维甜甜圈表面。将这点应用于宇宙学中有点不同，宇宙空间是三维的，平直的三维宇宙可以类似地卷成一个三维的甜甜圈表面并嵌入到四维空间中，但我们无法直观想象那种图形。不过，根据数学家们的分析结果，这种"三维甜甜圈表面"是平直的。所以，平直宇宙可以具有两种拓扑形状：一种是开放无限的，另一种是封闭有限的，即四维空间中的三维甜甜圈表面。

现在，我们再回到CMB的角功率谱。用球谐函数展开也就是用球多极矩系数 l 展开，$l=0,1,2,3,4\cdots$ 分别对应于单极矩、偶极矩、三极矩、四极矩等。系数 l 的数值越大，对应于CMB图上越精细的结构。也可以换个说法：系数 l 的数值越大，对应于CMB图上越小的观察角距离。比如说，$l=1$ 对应于 $180°$，$l=210$ 对应于 $1°$ 左右。CMB图上结构的尺寸是来源最后散射面上（等离子体中）的声波传播距离，而实际观察到的"角距离"数值大小，就与空间的弯曲情况有关了，这点可以从图 9-3-3 中描述的 3 种情形来说明。

图 9-3-3 中，等离子体中基波的传播距离为 λ，如果宇宙空间是平坦的，从CMB观测得到的距离也是 λ；如果宇宙空间是球面的，从CMB观测得到的距离将大于 λ；反之对马鞍面形宇宙，观测结果则小于 λ。因此，从基波波峰在角功率谱上的位置，便可以测量宇宙的平坦性。可以根据等离子体物理及大爆炸模型进行一点粗略的理论计算[40]，得到基波的波峰大概应该在角距离等于 $1°$，多极矩系数 $l=200$ 附近，如图 9-3-2(b)中实线所示。因此，从实际接收到的CMB数据画出来的功率谱的波峰位置与理论（实线）位置的差距，便可以计算出宇宙空间的平直性。

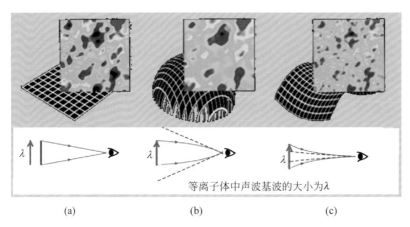

等离子体中声波基波的大小为λ

(a)   (b)   (c)

图 9-3-3　观测到的角距离与空间弯曲性有关

（a）在平坦空间看到实际尺寸；（b）在正曲率空间影像大于实际尺寸；
（c）在负曲率空间影像小于实际尺寸

根据普朗克卫星 2015 年的结果，与其他超新星测量等数据结合在一起，可给出与空间曲率有关的 Ω_K，其最大值是 $\Omega_K = 0.000 \pm 0.005$[41]。这个曲率值表明宇宙空间是非常平坦的，从而进一步算出相应的总密度 ρ 和临界密度 ρ_c 的比值 Ω 非常接近 1，与 1 之差也为 0.5% 左右。

没想到现在的宇宙空间太平坦也构成了一个"疑难问题"。其原因是因为根据大爆炸模型，Ω 和 1 的差值是随着宇宙年龄的增加而指数增加的，见图 9-3-4。也

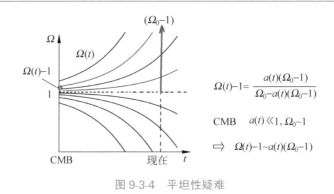

$$\Omega(t)-1 = \frac{a(t)(\Omega_0-1)}{\Omega_0 - a(t)(\Omega_0-1)}$$

CMB　$a(t) \ll 1, \Omega_0 \sim 1$

$\Rightarrow \quad \Omega(t)-1 \sim a(t)(\Omega_0-1)$

图 9-3-4　平坦性疑难

就是说,空间的不平坦性会被时间很快地"放大",这就类似于现实生活中经常见到的不稳定平衡现象。长时间的平衡要求非常强的初始条件,宇宙已经演化了137亿年,如果现在宇宙空间的 Ω_0 与 1 的相差为 0.5% 的话,推算到最早的散射面时代,其不平坦性,即 Ω 和 1 的差值应该只有 10^{-60}。为何有如此高精度的平坦性?需要某种物理解释,这就是"平坦性疑难"。

4.

磁单极子疑难

磁单极子疑难其实并不应该属于大爆炸宇宙模型的问题,因为从来没有人观测到磁单极子,但为什么要求大爆炸学说来解释其原因呢?听起来有失公平,也对大爆炸理论寄予了太高的期望。不过人们说,谁叫你要宣布自己是有关"宇宙起源"的学说呢?既然如此宣称,你这个模型就应该能解释万事万物。

人类最早从天空中的雷鸣闪电认识了电现象,对磁铁的认识稍晚一些,但也已经是七八百年之前的事情了。早在 1269 年,一位法国科学家发现在天然磁石附近,铁粉会作有规则的排列,形成所谓磁力线。这些假想的"力线"集中会聚于磁石的两端。人们将此两点与地球的子午线在两个地理极点交汇作类比,称之为"北极"和"南极"。之后,物理学家进一步发现,磁石的南北极总是同时存在的,你无法将它们分开。当你将一个天然磁铁"切"开而试图将其分成两部分时,你会得到两块磁铁,它们分别具有南极和北极。也就是说,你总共会得到 4 个磁极,却无法得到一个单独的磁极(南极或北极),即磁单极子。

在电磁现象的日常经验中,磁荷只以偶极子的形态出现。电也有偶极子效应,比如说,如果将正电荷堆积在绝缘棒的一端,负电荷堆积在另一端,可以形成与磁铁类似的力线,如图 9-4-1 所示。但是,电偶极子可以分开成正和负两部分,而磁偶极子不行。

后来,科学家奥斯特发现了磁现象和电现象之间的联系。法拉第对电和磁做了大量的实验研究工作之后,经由麦克斯韦天才地用数学公式加以总结归纳,建立起了经典电磁理论的宏伟大厦。然而,麦克斯韦的数学水平虽高,却没有将他的方程写成电和磁完全对称的形式,因为那不符合物质结构的本来面目,这也是物理理

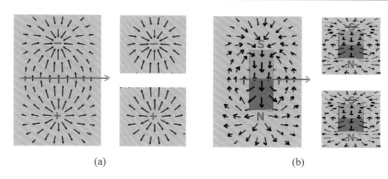

图 9-4-1　电偶极子可以分开,磁偶极子不能

（a）电偶极子；（b）磁偶极子

论和纯数学的区别。不妨试想一下,如果没有那些基于实验事实的安倍定律、高斯定律等定律,仅仅让麦克斯韦单纯从某些对称原理以及基本物理原理出发来构建电磁理论,就像爱因斯坦建立相对论那样,他应该可以在引进电荷的同时也引进磁荷从而将他的方程组建造成完美无缺的对称形式。当然,相对论也是物理理论,仍然必须经受实验及天文观测的检验。爱因斯坦比较幸运,迄今为止广义相对论仍然被物理主流界接受和承认,也许可以将爱因斯坦的幸运解释成上帝的确是按照数学美的方式来设计世界的。

　　无论如何,我们物质世界的结构在电和磁方面本质上就是不对称的。19 世纪末,约瑟夫·汤姆孙发现电子;20 世纪初,物理学家们建造了物质结构的分子原子模型。电荷的存在毋庸置疑,磁单极子却谁也没见过,因而麦克斯韦方程最好还是写成那个不对称的样子为好。

　　实际上,如果类似于电荷,也引进磁荷的概念,并将电荷和磁荷看成是某种二维"电磁荷"的两个不同分量,麦克斯韦方程不难推广成完全对称的形式。在推广后的方程中,电荷和磁荷经过对偶变换互相转换,一个基本粒子可以具有电荷、磁荷,或者两者皆有。比如说,可以认为电子所具有的不是电荷,而是一个"磁荷",或者说认为电子有一半电荷和一半磁荷,理论照样成立。但是,还是那个原因,因为单独磁荷并不存在,这种推广后的麦克斯韦方程没有好处,只是画蛇添足而已。

所以，连狄拉克这种非常要求数学美的科学家也不想将麦克斯韦方程组作一般的推广。他说，"让经典电磁理论就保持那种形式吧。不过，磁单极子还是需要的，哪怕就只有一个也行，就可以在量子电动力学中解决电荷量子化的问题了。"于是，狄拉克将电磁理论作了一个最简单的推广：考虑只包括一个"假想"磁单极子的情况，即一个位于坐标原点的点磁荷[42]，见图 9-4-2。

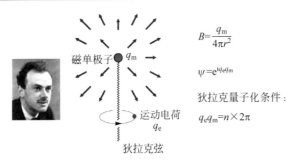

$$B = \frac{q_m}{4\pi r^2}$$

$$\psi = e^{iq_e q_m}$$

狄拉克量子化条件：

$$q_e q_m = n \times 2\pi$$

图 9-4-2　狄拉克磁单极子

电荷量子化的问题，指的是为什么我们观察到的粒子的带电量总是电子带电量的整数倍？狄拉克用他的磁单极子解释了这点。狄拉克的磁单极由磁荷 q_m 产生，是一条细长的螺线管（狄拉克弦）的一端。它在距原点 r 处产生的磁感应强度 B 正比于 q_m/r^2，向外呈辐射状，如图 9-4-2。因为 B 的散度几乎在任何地点都为 0，除了原点，也就是点磁荷所在之处，所以我们可以局域地定义磁矢势 A，使磁矢势 A 的旋度等于磁感应 B。

考虑一个绕着螺线管旋转的电荷 q_e，其经典总角动量正比于 $q_e q_m$，与两个粒子之间的距离无关。将此应用于量子力学，总角动量被量子化，只能等于 $\hbar$ 的整数倍。因此，我们可由角动量的量子化证明电荷和磁荷的量子化。

另外一种方法是直接从量子力学的角度来理解：绕狄拉克弦转圈的电荷的波函数 $\phi = \exp(i\phi)$ 中的相位 ϕ 正比于 $q_e q_m$，即 $\phi = \exp(iq_e q_m)$。因为电子在绕行一圈后总是回到同一点，其波函数的相位 ϕ 应该是 2π 的整数倍，即 $q_e q_m = n \times 2\pi$，如此也能解释电荷的量子化问题。以上介绍的狄拉克磁单极子实际上是麦克斯韦方程的一个奇异解。所谓狄拉克弦,则是从磁荷引出的携带磁通量延伸到无限远的一条数学上的半直线。因为狄拉克的磁单极子连着这一根长长的"弦",使人感觉不怎么舒服,不太像一个真实存在的基本粒子,更像一个数学模型。但是无论如何,它可以帮助解释电荷为什么总是某个基本电荷的整数倍这个经验事实。狄拉克十分欣赏他的这个杰作,也坚定地相信磁单极子在自然界应该存在,他甚至说:"如果大自然没有用这个招数的话,那才叫奇怪呢。"

在粒子物理的标准模型中,电磁场是被 U(1) 群描述的规范场,电荷的量子化与 U(1) 规范群的紧致性相联系。从群论的角度再进一步,电磁作用和弱作用一起被统一在 SU(2)XU(1) 规范群中。1968 年,吴大峻和杨振宁证明了只有在非阿贝尔群的自发破缺规范理论中,磁单极子才有可能作为方程的正规解而出现,两位学者继而构造成功了没有奇异性的吴—杨磁单极子[43]。

物理学家试图用自发对称破缺的规范理论将强相互作用与电弱作用统一在一起,称之为大统一理论(grand unfied theory,GUT)。这个理论当然也需要电荷量子化,因此狄拉克的"高招"加上吴-杨的推广也被搬到了 GUT 中。并且,相应的对应物: t'Hooft-Polyakov 磁单极[44-45],已经从狄拉克磁单极子改头换面,不再是塞进理论中的数学模型,而是从理论导出的对称破缺时的必然结果。它们不但被要求用以解释电荷量子化的问题,还是一个应该能够被实验验证的东西(图 9-4-3)。

$$SU(5) \xrightarrow{M_X} SU(3) \times SU(2) \times SU(1) \xrightarrow{M_W} SU(2) \times SU(1)$$

大统一理论中的磁单极子

$$M_{mon} \approx \frac{4\pi M_V}{e^2} \sim 10^{16} \text{GeV}$$

M_V 规范玻色子的质量

希格斯玻色子126.5GeV

图 9-4-3　大统一理论中的磁单极子

但困难在于大统一理论中的磁单极子质量太大了(10^{16} GeV)，这是现有加速器无法达到的数量级。

根据大统一理论和宇宙学，在宇宙早期，4 种基本作用力是一致的，随着宇宙膨胀、温度下降，重力首先分离出去。然后，电磁和强、弱三种力一致，直到在希格斯场的作用下发生对称性破缺，这时必然会存在磁单极子的解。因此，理论预言宇宙中应该存在大量的磁单极子。但实际上我们在实验室及宇宙中几乎从来没有找到过任何磁单极子。这里用"几乎"这个词汇，是因为曾经有过几次宣称"发现磁单极子"的分散报告，但之后不能得到重复和反复证实。此外，凝聚态物理中观察到（更准确的说法，是被制造出来）的类似于磁单极子的东西，并不是物理学家们期望的那种基本粒子，而只能算是某种非孤立的、具有磁单极特征的"准粒子"而已。

那么，大统一理论认为应该在宇宙早期产生的磁单极子到哪里去了？为什么不能探测到它们？如何从宇宙的大爆炸模型解释这个现象？这便是所谓的"磁单极子疑难"。

上穷碧落下黄泉，暗物诡异难露面

2015 年探测到引力波的事件使物理学界振奋了一阵子。冷静之后，许多人不约而同地想到了我们长久寻觅而不获的另一个目标：暗物质。引力波事件甚至激发了想要探测暗物质的科学家们无比丰富的想象力：发出引力波的两个黑洞没准儿就是由暗物质组成的啊！想象和猜测尚需要更多观测数据的证明，但我们现在还没有。非常遗憾，我们对暗物质的了解比对引力波的了解还要少。天文学家和宇宙学家们认定暗物质的存在，但仅此而已。

暗物质占据了 1/4 的宇宙物质，没有它，星系会散架、星星将脱离星系进入太空、宇宙目前呈现的次序将被破坏。尽管暗物质对我们极其重要，我们却不清楚它是什么，只知道它们在某些方面类似于常见的普通物质：慢速运动、尘埃状、具有引力作用。因此，当我们在本书中讨论"宇宙物质密度"时，将它们与普通物质同样处理。但是，我们知道它和普通物质有根本区别：没有电磁作用！不能发光也不会散射光，因而不能用光学手段探测到它们！

从 2013 年普朗克卫星给出的数据，在我们的宇宙中，通常物质大约只占 4.9%，暗物质大约占了 26.8%，其余剩下的 68.3% 则是所谓"暗能量"。

"暗物质"和"暗能量"虽然不能被看见，但人们认为它们的确存在。特别是暗物质的说法早已有之，最新观测数据只是再次证实它们的存在而已。早在 1932 年，暗物质就由荷兰天文学家扬·奥尔特提出来了。著名天文学家兹威基在 1933 年在他对星系团的研究中，推论出暗物质的存在。

弗里茨·兹威基(Fritz Zwicky，1898—1974)，是一位在加州理工学院工作的瑞士天文学家，他对超新星及星系团等方面做出了杰出的贡献。兹威基对搜捕超新星情有独钟，他是"个人发现超新星"的冠军，他进行了长达52年的追寻，总共发现了120颗超新星。

兹威基在推算星系团平均质量时，发现获得的数值远远大于从光度得到的数值，有时相差上百倍。因而，他推断星系团中的绝大部分的物质是看不见的，也就是如今所说的"暗物质"。

暗物质存在的最有力证据是"星系自转问题"和"引力透镜效应"。

星系自转问题，是由美国女天文学家薇拉·鲁宾（Vera Rubin，1928—2016）观测星系时首先发现和研究的。很多星系都和我们银河系一样，在不停地旋转。根据引力规律，旋转星系应该和行星绕着太阳运动的规律一样，符合开普勒定律，即转动速度应与轨道距离的平方根成反比，距离中心越远，转动速度越慢。但是观测结果似乎违背了开普勒定律，在远离星系中心处恒星的转动速度相对于距离几乎是个常数。也就是说，星系中远处恒星具有的速度要比开普勒定律的理论预期值大很多。恒星的速度越大，拉住它所需要的引力就越大，这更大的引力是哪里来的呢？于是，人们假设，这份额外的引力就是来自于兹威基所说的星系中的暗物质。

天文学家在研究我们自己所在的银河系时，也发现它的外部区域存在大量暗物质。

银河系的形状像一个大磁盘，对可见物质的观察表明其大小约为10万光年。根据引力理论，靠近星系中心的恒星，应该移动得比边缘的星体更快。然而，天文测量发现，位于内部或边缘的恒星，以大约相同的速度绕着银河系中心旋转。这表明银河系的外盘存在大量的暗物质。这些暗物质形成一个半径是明亮光环10倍左右的巨大"暗环"。

既然暗物质具有引力作用，就应该造成广义相对论所预言的时空弯曲。光线透过弯曲的时空后会偏转，类似于光线在透镜中的"折射"现象。这就是爱因斯坦预言的多次被天文观测证实了的"引力透镜"效应，也将它们称为"爱因斯坦的望远镜"。兹威基在1937年曾经指出，有暗物质的星系团可以作为实现引力透镜的最好媒介。可想而知,由较为均匀分布散开在星系中的暗物质形成的透镜,肯定要比密集的星体形成的透镜"质量"好得多,见图 9-5-1。也就是说,暗物质对光线没有直接反映,既不吸收也不发射,这点表明它们不能被看见的"暗"性质。但是,暗物质却能通过引力效应,间接影响到光的传播,使光线弯曲,成为引力透镜的"介质"。

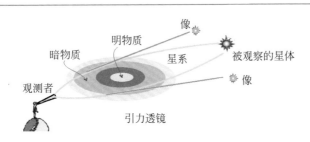

图 9-5-1　暗物质的引力透镜

暗物质形成的引力透镜,天文学家们不仅能用它们来研究其中暗物质的性质和分布情况,证实星系中暗物质的存在,还可以像使用真正的望远镜一样,用它来研究和探索背景天体。

进一步来说,引力透镜还可以真正发挥其"望远"和"放大"的功能,从而扩大人类的眼界,帮助天文学家们观察遥远的星系。对遥远星系的观测有助于研究宇宙的演化情形,因为我们接收到的,是这些星系若干年之前发出来的光线。

在示意图 9-5-1 中,观测者通过引力透镜现象观测某一个目标时,看到的是两个像,而不是一个。这是引力透镜观测中常见的现象。2015 年 3 月,美国宇航局的哈勃望远镜拍到了一颗奇特而又罕见的场景,正在爆炸的遥远恒星(超新星爆发)的 4 个不同的影像。这 4 个影像排布成一个十字架的形状,这种景象通常被称为爱因斯坦十字架。天文学家们当时是在观测距离我们超过 50 亿光年的一个大质量椭圆星系时偶然拍摄到这个奇景的,他们观测和研究该星系及其周围的暗物质,没想到给了他们一个惊喜,背景中正好一颗超新星爆发,暗物质引力透镜将超新星一分为四!

引力透镜可表现为 3 种现象:一是多重像,如图 9-5-1 中所示的二重像,对应于强引力透镜现象。第二种是由于光线聚焦而使得光强增加,称之为微引力透镜。第三种叫做弱引力透镜现象,是在透过某星系进行大尺度观测时发现远处星系的形状改变,这种改变与暗物质的存在和分布紧密相关,是探测和研究暗物质的强大手段。

天文学家早有方法计算宇宙中"明"物质的总质量,暗物质比明物质多得多,这个比值是如何算出来的呢?从观测星系的恒星旋转速度与引力理论计算之差距,还有以星系作为引力透镜的效果,可以计算该星系中暗物质相对于正常物质的比值。普朗克卫星可以巡视整个可见宇宙中所有的星系,因而可以估计出整个宇宙中暗物质相对于正常物质的比值。

暗物质存在的证据确凿,但寻找暗物质的努力却一直毫无所获。不过,科学家们没有停下脚步,而是启动了一个又一个的计划,上至天上的卫星,下有地底深处的隧道。他们穷尽各种方式,想要捕获这个诡异的怪物。据说大型强子对撞机,也有望找到构成暗物质的未知新粒子。此外,日本天文台的一个科学家小组,计划绘制出一个宇宙中暗物质质量和密度如何分布的"暗物质地图",那样便能够给出更多的线索,使人们更为方便地寻找暗物质。

对宇宙学而言,暗物质也和下一节中我们将讨论的暗能量问题相联系。暗物质增加宇宙中的质量,使得天体互相拉近,而暗能量相当于一种排斥作用,使得宇宙间的天体互相分离。换言之,在宇宙演化的漫长岁月中,这两种作用不停地进行着"拉锯战"。

暗物质和暗能量之谜不仅是天文学和宇宙学的疑难,也是整个基础物理学的困惑。也有人怀疑是否我们的基础理论出了问题?是否引力理论用在星系尺度的时候需要一些修正?我们拭目以待,等待科学家们在新理论和新实验探索中的佳音。

宇宙常数解疑难，捕风捉影论真空

爱因斯坦虽然是 20 世纪初物理学两大革命的重要带头人，但他的物理观念却基本上是经典的。他对光电效应的解释，促成了量子理论建立，但他对量子理论一直心存芥蒂，不愿认同。爱因斯坦与玻尔之间著名的"世纪之争"，以及他提出的质疑量子理论的 EPR 佯谬，影响一直延续至今。

广义相对论被爱因斯坦认为是他的最得意之作，其中他将引力与时空几何性质相联系，建立了著名的爱因斯坦引力场方程，但他对该方程解出的结果却屡屡怀疑，迟迟不肯承认。例如，史瓦西找到了方程的球对称解析解，引出了后来的黑洞概念。虽然那时候还没有黑洞这个名词，但爱因斯坦从不相信会有这样的怪物存在。又如，弗里德曼导出的方程为宇宙演化模型（大爆炸）建立了坚实的理论基础，爱因斯坦开始也一度怀疑弗里德曼算错了。

除了史瓦西和弗里德曼之外，得到引力场方程精确解的重要人物中，还有一个叫作威廉·德西特（Willem de Sitter，1872—1934）的荷兰天体物理学家。他解出的德西特时空与宇宙常数有关。

德西特可谓暗物质和暗能量研究的理论先驱，尽管他在有生之年从未听过这两个名词。他曾经与爱因斯坦共同发表有关宇宙中存在"看不见的"物质的论文；他从引力场方程得到的德西特时空则是目前公认的解释暗能量的最佳候选者。

宇宙学常数 Λ 是个怪物，当初爱因斯坦引进它只是为了使他的方程的解维持一个稳定静止的（牛顿力学式的）宇宙图像，那是当时科学家们所公认的。我们知道，爱因斯坦方程（图 4-3-2）最直观的物理意义是"物质决定时空几何"：方程的右边代表物质，左边代表几何。如图 4-3-2 所示，爱因斯坦最开始时将含有宇宙学常数 Λ 的一项放在方程左边，仅仅将它当作一种数学方法，以消除时空的不稳定因素而试图保持时空稳定。

当年的德西特教授反应很快，立刻就为包含宇宙常数的引力场方程找到了一个精确解。不过，这个解令爱因斯坦目瞪口呆，因为该解适合的条件是时空中什么也没有。这个解是令方程右边的能量动量张量完全为零，仅仅保留左边的宇宙常数 Λ 相关项而得到的。换言之，德西特的解似乎说明，没有物质，却产生了时空弯曲的几何。这显然没有物理意义。

于是人们认为，宇宙常数项应该放到方程的右边，作为某种类似于物质或能量的贡献。目前物理界认同的说法是：它产生于真空涨落，是属于方程右边代表"物质"的能量动量张量的一部分。实际上，爱因斯坦方程中的能量动量张量除了通常意义下的有静止质量的物质之外，本来就应该包括所有的能量在内。根据量子场论的理论，真空不空，具有能量，是物质存在的一种状态，宇宙学常数便与此能量有关，被称之为暗能量。

有趣而古怪的宇宙学常数多次困惑住了爱因斯坦，也曾经给宇宙学家们带来多次疑难，场方程中的这一项似乎可有可无。开始时，物理学家们和爱因斯坦一样，根据天文观测的实际数据来调整它的正负号，决定对它的取舍。比如，在 1998 年以前，人们认为宇宙是在减速膨胀，不需要宇宙常数这一项，便将它的值设为 0。但大家又总是心存疑问，所以那时候的"宇宙常数问题"是为什么宇宙常数是零？1998 年的观测事实证明了宇宙是在加速膨胀，这下好了，宇宙常数不应该是 0 了！物理学家们将它请回来，用以解释宇宙为什么加速膨胀。但是，问题又来了：这个宇宙常数到底是个什么东西？它为什么不是 0？

虽然物理学家们暂时将宇宙常数解释为真空能量，但怎样计算真空能量密度却是物理学中尚未解决的一个大问题。如果把真空能量当作是所有已知量子场贡献的零点能的总和的话，这样得出来的结果比天文观测得到的宇宙常数值大了 120 个数量级！并且，观测得到的宇宙常数值与现在的物质能量密度有相同的数量级，使人感觉更可信。但从理论上而言,真空能应该如何计算呢? 这是又一个与宇宙学常数相关的疑难问题。

总而言之,宇宙学家们对宇宙学常数颇有兴趣,其原因是因为它代表一种"排斥"类型的引力。我们知道,电磁作用中的电荷有正有负,因而电磁力既有吸引作用也有排斥作用。但由普通物质的质量产生的引力却只有吸引而绝不排斥。没有宇宙学常数的参与,人们无法解释宇宙的加速膨胀。读者可能还记得,在第八章讨论弗里德曼的宇宙模型时,影响宇宙尺度变化的 4 种物质密度中(式(8-1-1)),只有与宇宙学常数相关的那一项才能产生指数式的加速膨胀,其他密度的贡献都只能使宇宙减速膨胀。加速膨胀的效应只可能由具有"负压强"的真空能量产生。所以,宇宙学常数变成了"暗能量"的同义词。但我们对暗能量知之甚少,当下的宇宙学常数疑难也就是暗能量疑难。

根据普朗克卫星提供的数据,暗能量在宇宙的物质成分中占了 70% 左右,暗物质有 26% 左右,留下的 4% 才是我们熟知的普通物质。天文学家是如何得到这些数值比例的?

这确实是一个有意思的问题。想想平时是如何得到各种物质材料质量之比的,我们使用的是天平或者"秤"。可是,普朗克卫星又不能把天体拿到"秤"上去称,它报告的物质比例从何而来呢?

在天文学中估算天体质量时,人们利用的是在引力理论基础上建立的各种数学模型,无论是行星、恒星、星系,还有各种天文现象,都有其相应的数学模型。这些模型,便是"称量"宇宙的秤。数学模型中有许多未知的参数,需要由天文观测的数据来决定。普朗克卫星主要是通过测量微波背景辐射中的细微部分来获得这些参数,研究人员将这些数据送入计算机,解出数学模型,最后才能得到各种成分的比例。

这是一个相当复杂的过程,包括了很多物理理论、数学知识、计算技术、工程设计等方面。就物理概念的大框架来说,科学家们大概用如下方法估计这个比例:根据观测星系中恒星旋转速度与理论计算之间的差距,以及以引力透镜的效果,可以计算星系中暗物质相对于正常物质的比值。天文学家早有方法计算宇宙中"明"物质的总质量。然后，从"明暗"物质的比例便能算出宇宙中暗物质的总质量。

从宇宙学的角度，天文学家有两种方法估计"宇宙的总质量"。一是从宇宙膨胀的速度和加速度，二是根据宇宙的整体弯曲情况。

宇宙学研究宇宙的大尺度结构和形态，用来估算宇宙作为一个整体的曲率和形状：宇宙是开放的，还是闭合的？是像球面、马鞍面，还是平面？这个整体模型涉及一个"临界质量"。如果宇宙的总质量大于临界质量，比较大的引力效应使得宇宙的整体形状成为球面；如果宇宙的总质量小于临界质量，引力效应更弱一些，宇宙的整体形状是马鞍面；如果宇宙的总质量等于临界质量，则对应于整体平坦的宇宙。

根据宇宙学得到的天文观测资料，宇宙在大尺度范围内是平坦的，说明宇宙的总质量大约等于临界质量。

但是，从宇宙加速膨胀得到的宇宙总质量，或者考虑平坦宇宙应该具有的临界质量，都大大超过观测所估计的"明暗物质"之总和。物理学家提出的"暗能量"，便可以解释这个宇宙组成中所缺失的大部分。如此便算出了刚才所说的各种物质的比例。

暗能量像是存在于宇宙中的一种均匀的背景，在宇宙的大范围中起斥力作用，加速宇宙的膨胀。但是，在严格意义上，又不能将它说成是一种通常意义下的斥"力"，因此只能称其为能量。而在现有的物理理论中，也没有具有如此秉性的"能量"，因而称其为"暗能量"。

人们容易将暗物质和暗能量混淆。并且，根据爱因斯坦的质能关系式：$E = mc^2$，质量和能量可以看作是物质同一属性的两个方面，那么为什么还要将两种"暗货"区别开来呢？其中原因很难说清，基本上还是因为我们尚未明白它们到底是什么？

因为暗物质和暗能量这两个概念在本质上有所区别，因此它们在宇宙中的具体表现也大不相同。暗物质吸引，暗能量排斥。暗物质的引力作用与一般普通物质之间的引力一样,使得它们彼此向内拉,而暗能量却推动天体互相向外分离。暗物质的影响表现于个别星系,而暗能量仅仅在整个宇宙尺度起作用。可以用一句话如此总结宇宙不同成分的作用:宇宙由明物质和暗物质组成,因暗能量而彼此分开。暗物质增加宇宙中的质量,使得天体互相拉近。而暗能量将宇宙尺寸扩张,使得其间的天体互相分离。在宇宙演化的 137 亿年中,这两种作用不停地进行"拉锯战"。

　　尽管我们还不知道暗物质究竟由什么构成,也不清楚暗能量的作用机制,但通过天文观测,对它们已经有所认识。比如说,天文学家们可以模拟暗物质的引力效应,研究它们如何影响普通物质。一般来说,暗物质的运动速度大大小于光速。构成暗物质的粒子应该是电中性的,也许具有很大的质量。

第十章

暴胀的宇宙

前面几章所介绍的内容，基本属于宇宙学中的标准宇宙模型。本章介绍的暴胀模型，并不是另外一套宇宙演化理论，而是对标准模型的修正和补充，说的是宇宙在极早期，大爆炸之后 $10^{-36} \sim 10^{-32}$ s 之间的一段极短时间内，空间极快膨胀的过程。暴胀不同于前面所说的"宇宙膨胀"，暴胀是一个极快速的过程：在远远小于 1s 的时间里，宇宙的半径增大了 10^{30} 倍，这个数值是线性尺度的增长，体积增长就更多了。暴胀期结束之后，宇宙继续膨胀，但速度低得多，此时进入我们前面描述的标准大爆炸过程。

大爆炸理论几乎得到一切宇宙学观测的支持,但也有不少疑难问题,比如上一章中述及的视界疑难、平坦性疑难、磁单极子疑难等。这里再将以上 3 个疑难的中心思想复述如下:

视界疑难是观察微波背景辐射(CMB)的均匀性时产生的。CMB 辐射非常均匀,其不均匀性引起的微小起伏的相对幅度只有 10^{-5}。这种均匀性表明,最后散射面的等离子体宇宙各个部分是处于热平衡状态。然而,根据大爆炸模型倒推回去的理论计算,最后散射面上各部分的视界互相远离,意味着互相不可能有信息交流,也应该谈不上热平衡。

平坦性疑难则是由我们观测到的宇宙的高度平坦性引起。宇宙平坦性类似于某种不稳定平衡,就像是一支竖立于桌面上的铅笔,经不起时间的考验,微小的扰动就会使它倒下。宇宙平坦性的理论模型就是如此,初始条件与平坦性的微小差异将会很快地被指数放大,宇宙演化了 137 亿年还是如此平坦,说明初始时候的平坦性之高难以想象(与绝对平坦的差异只有 10^{-58})。

磁单极子疑难质疑的是为什么人类从未观测到它。按照理论推算,观测到磁单极子的概率应该大得多。

阿兰·古斯(Alan Guth,1947—　　)是出生于美国新泽西州的理论物理学家。大学时代就读麻省理工学院时,他的研究方向是粒子物理。1979 年春天,在康奈尔大学工作的古斯到斯坦福直线加速器中心作短期访问。当时他听了罗伯特·狄克的一个关于宇宙学平坦性疑难的报告,极感兴趣,从此将研究方向转向了宇宙学。

古斯研究了数月后就产生了"惊人的悟觉"，有关暴胀的思路已经形成。他发现如果在标准模型的早期宇宙演化过程中，加进一个暴胀时期，则有可能解决上面3个疑难问题。他假设宇宙演化过程中有一段时间，空间以极大的速度成倍成倍地膨胀。

1981年，古斯正式发表了他的第一个暴胀模型[45]，在宇宙学界引起巨大轰动。他被邀请到各处作演讲，也被聘为麻省理工学院物理系的客座副教授。

当著名物理学家温伯格听说了古斯的暴胀理论时，第一个反应是遗憾"为什么我没有想到"。的确十分奇妙，这个32岁的年轻人的理论在当时看起来虽然古怪，却并不高深莫测。简单的想法令宇宙学家们吃惊，为何用一个超级暴胀的思想，居然就解决了许多深层次的宇宙学问题？

现在看起来，3个疑难问题的关键是为了符合CMB的观测数据，后者要求宇宙早期的状态满足较为苛刻的初始条件，而标准模型满足不了这些条件。古斯插进一段暴胀过程后，便改变了这种状况，弥补了原标准模型的缺陷。暴胀理论解决了3个疑难问题的同时，还提供了一个密度涨落机制。

以视界疑难为例，图10-1-1(a)所示的是宇宙尺度按照时间变化的规律。最上面的粗实线是一条平滑的斜线，描述了标准宇宙模型的膨胀规律。图中的虚线表示视界大小随时间的变化规律。宇宙在膨胀，物质区和视界都在膨胀。当今的宇宙物质区和视界可以看成是基本一致的。如果我们从现在可观测宇宙的大小倒推至宇宙早期，宇宙的物质区域按照实线所示的标准模型倒推，而视界变化则按照虚线倒推。宇宙年龄越小，物质区和视界半径都越小。但是比较实线和虚线可知，视界收缩得比物质区收缩的速度更快，这样就造成了现在相邻很近的两个区域有可能在宇宙早期是视界互相分离、失去因果联系的。也就是说，当今可观测宇宙在宇宙早期，物质区可能比视界大很多个数量级，互相没有了因果联系，也无法热平衡，继而也不能给出如此均匀的CMB图像了。

图10-1-1中的红色曲线，是包括了暴胀过程的宇宙膨胀模型。根据这个模型，

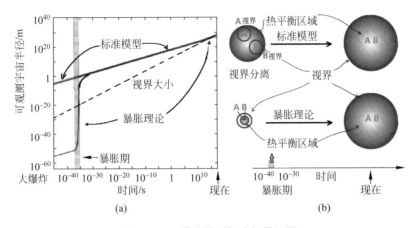

图 10-1-1　暴胀模型解决视界问题

宇宙在极早期的尺度非常小,后来在暴胀期的一段极短时间中,线性尺度至少增大了 10^{26} 倍。这样就避免了视界互相分离的问题。换言之,标准模型中宇宙早期的初始尺度太大了,时间又很短,物质互相之间来不及建立热平衡就被抛到了更为遥远的地方。就像一大锅汤,放到炉子上的时间并不长,也没有来得及均匀搅拌就被分发给了宴会中的客人一样,每碗汤不可能具有同样的温度。加进了暴胀过程的宇宙模型,则是在暴胀之前,将宇宙早期的初始尺度缩小了 26 个数量级,那时物质之间互相靠近得多,足以建立热平衡之后再被极快地抛离。

　　从图 10-1-1(b) 中,可以更形象地看出宇宙物质区与视界的变化。图中的视界用红色圆圈表示,大球则用以表示"可观测宇宙"的物质区。在最右边标志为"现在"的时间,宇宙的视界和物质区是一致的,A、B 为宇宙中心相邻的两点。上面的过程是没有暴胀的标准模型,宇宙早期 A、B 两点的视界互相分离。下面的图显示的是如果发生过暴胀,宇宙在暴胀期之前,物质区很小,整个区域都在视界以内,不会有视界分离而导致的因果问题。

　　同样地,磁单极子疑难和平坦性疑难也迎刃而解,暴胀后整个宇宙体积增大了至少 26 个数量级,足以将原来磁单极子的密度稀释又稀释,同时也将不平坦"小宇宙"的弯曲时空"伸直"又"伸直"。也就是说,宇宙中的任何不规则性都可以被这极快的膨胀抹平了,就如当你将气球吹胀时皱纹被抹平了一样。

因此,如果暴胀确实发生过,当今的宇宙应该非常平坦,这点已经被最新的观测结果所证实。宇宙的平坦度可用相对质量密度 Ω_0 与 1 的接近程度来描述,不过,当古斯最开始提出暴胀理论的时候,一直到十几年之前,测量到的 Ω_0 只在 0.2~0.3,而当今的观测数据 $\Omega_0 = 1.0007 \pm 0.0025$,这是支持暴胀理论的证据之一。

此外,尽管能看到的"可观测宇宙"对我们来说已经非常之大,估计出的宇宙半径已经超过 400 亿光年,但从逻辑来推断,我们没有任何理由认为真实的宇宙就终止在我们目力所限的范围以内。大多数人相信,在宇宙之外仍然有星系,天外还有天！但我们完全不知道我们看不见的真正"大宇宙"到底有多大？ 有限还是无限？封闭还是开放？ 根据暴胀模型,在图 10-1-1(b)中,当今能够观测到的宇宙部分(可观测宇宙)在暴胀期之前收缩成了视界内的一个小圆。小圆之外便应该是所谓"真正的大宇宙"了,而这个小圆呢,也许是另一个大圆的一部分？ 也许周围还有许多别的大大小小的圆？ 这一切都是当下宇宙学的未解之谜,它们给予了人们丰富而巨大的想象空间。因为人类对这些天外之天一无所知,暂时也无法用实验探索,科学在这些领域已经几乎等同于科幻。

暴胀可以解决一些疑难问题，但为什么那段时期宇宙会暴胀？暴胀的物理机制如何？这是暴胀理论需要回答的问题。

古斯是由大统一理论的启发而想到暴胀理论的。在宇宙早期，强作用、弱作用及电磁力都统一在一起，真空中布满了由"上帝粒子"构成的希格斯场。之后，希格斯场的存在促使自发对称破缺，从而才使3种作用分离，并形成了各种不同的粒子。古斯受此理论启发，认为希格斯场可能也同时是促成暴胀过程的量子场，想利用希格斯对称破缺引起真空相变的机制来解释宇宙暴胀。所谓自发对称破缺，指的是物理规律理论上所具有的某种对称性，在实际发生的现象中被破坏，因此只表现出更低的对称性。直立于桌子上的铅笔向某一个方向倒下是一个典型的例子。当铅笔竖在桌子上的时候，无论是铅笔本身、初始条件、物理规律，对于铅笔中心的垂直线而言都是轴对称的，倒下之后这种对称性破缺了，不再存在，如图 10-2-1(a)。

图 10-2-1(b)中是一个暂时平衡于重力势场中的小球，或者说可以看作是一个在山坡上滚动的石头。当石头位于顶端 A 时，看起来具有左右对称性，但这种对称性很容易被轻微的扰动所破坏。扰动后的石头将因为重力的作用，沿着图中所示的路径滚到山坡下一个新的引力势能更低的平衡位置 B。

图 10-2-1(b)所示的情形，经常被用来比喻由于真空量子涨落而引起的自发对称破缺。

在真空情形下，图形不再表示重力势能，而代之以某个真空标量场的势能曲

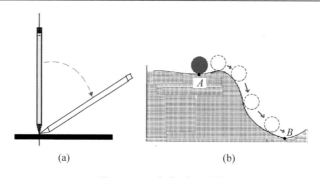

(a)　　　　　　　　　(b)

图 10-2-1　自发对称破缺

线。重力场中的小球总是滚向能量更低的地方,与此类似,系统的真空场也总是要
"相变"到某个真空能量最小的状态。虽然图中的 A 点和 B 点都是极值点,但是 A
点不稳定,能量高于 B,所以是一个"假"真空平衡态,真空涨落将使它过渡到真正
的最低能量态 B。

但问题是用什么来构造宇宙暴胀时期的这个动力学标量场呢?古斯最开始想
用希格斯场来解决问题,但多数学者认为引起暴胀的不是希格斯场,而是另一种标
量场,可称之为暴胀场。暴胀场需要满足一些必要的条件,并且,暗能量应该由这
个标量场的能量所主导,对应的粒子则被称为暴胀子。后来,俄罗斯的安德烈·林
德(Andrei Linde,1948—　)以及其他物理学家基于暴胀标量场提出慢滚暴胀的
模型。

在前一章中介绍暗能量时曾经提到,荷兰天体物理学家德西特利用从引力场
方程得到的解来解释暗能量。德西特空间与宇宙学常数 Λ 有关,即在空间各处没
有物质,但却有和 Λ 成正比的真空能量。

实际上,如果爱因斯坦场方程中仅仅包含宇宙学常数 Λ,没有其他物质,可以
求出 3 类常曲率的时空解。德西特时空对应于正的常数曲率,相应于正宇宙学常
数;闵可夫斯基时空的曲率为零,相应于宇宙学常数为零;还有一种对应于宇宙常
数为负值时的负常数曲率时空,叫作反德西特时空。

我们知道,在宇宙演化过程中,如果宇宙常数为正数,并且起主要作用的话,空

间将以指数形式增长。因此,暴胀需要的时空与德西特空间很相似,在暴胀时期,我们的宇宙可以看作是一个准德西特时空。

慢滚暴胀模型与上面所举的重力势场中小球的运动很类似,如图 10-2-2(a)所示。

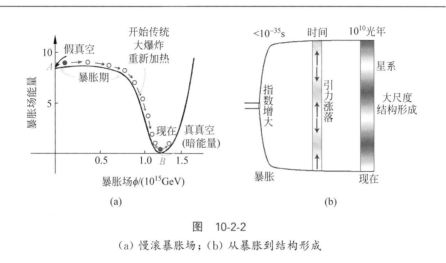

图 10-2-2

(a)慢滚暴胀场;(b)从暴胀到结构形成

必须提醒读者注意,在图 10-2-2(a)中,虽然有"现在"和"暴胀期"等时间标志,但是图中横坐标表示的是暴胀场的强度,并非时间。因此,图 10-2-2(a)中的曲线所描述的是暴胀场的能量与场强之间的关系,不是与时间的关系。曲线上有两个特殊点(A 和 B),A 代表假真空,B 点才是能量最低的稳定的真空态。在暴胀未发生之前,暴胀场的强度比较小,宇宙位于高能量密度的假稳定真空状态(A 点)。之后,暴胀场强度增大,但能量变化很小,由曲线的左半部所表示,是一段较为平坦的高地。随着暴胀场强的增大,宇宙的状态向右边移动,有点类似于前面所举的例子中山坡上往下滚动的石头。因为高地平稳,石头滚动得很慢。但是,在宇宙模型中虽然也使用了"慢滚"一词,但实际上这一切只发生在一段极短的时间内,即暴胀期,从 $10^{-35} \sim 10^{-33}$ s,宇宙空间急剧地指数膨胀至少 10^{26} 倍。从图 10-2-2(a)中可见,暴胀场"慢滚"到高地的边缘就碰到了"悬崖",前面所举例子中的山坡上的石头掉到悬崖下能量最低的位置后,重力势能转换为石头的动能,使石头具有很大的速度。

在宇宙暴胀模型中,暴胀场能量的效应十分类似于宇宙学常数,亦即前一章所述的暗能量的作用。当早期宇宙温度下降时,假真空的高能量产生很强的排斥引力效应。因为暴胀标量场是"慢慢"地滚下势能峰,使得势能一直保持很大。强大的排斥作用大大超过物质间的引力吸引,使空间发生越来越快的膨胀(暴胀)。暴胀时,物质粒子越分越开,越来越被"稀释",最后成了一个几乎不包含任何粒子、由真空能主导的过冷膨胀的宇宙(这也是磁单极子被稀释的原因)。直到暴胀场能量降到悬崖边缘,势能峰变得陡峭,意味着排斥作用很快地减弱,暴胀即将结束。之后,便开始了传统模型中描述的大爆炸,即我们在前面章节中描写的宇宙演化过程。因为暴胀场原来处于能量很高的位置,碰到悬崖后,能量大幅度降低,即宇宙的暴胀场真空能转换为其他种类的能量,比如基本粒子的热能,使得宇宙"重新加热",温度升高。宇宙遵循标准模型所描述的演化过程,形成物质,形成结构,图10-2-2(b)描述的便是宇宙从暴胀到星系等大尺度结构形成的时间过程。

势能悬崖的最低点B(真真空),是宇宙现在的状态。B点所对应的暴胀场能量,可以理解为目前被认为是宇宙中暗能量的部分。也就是说,在暴胀期间的暗能量,比现在的暗能量大多了,这也正是造成暴胀的原因。

暴胀理论的确解决了一些标准理论产生的难题,但是,暴胀理论是否正确? 宇宙早期是否真正发生过暴胀? 还需要实验观测方面的证据,目前也有一定的观测数据支持它,主要是来自于微波各向异性探测器及普朗克卫星等测量的宇宙微波背景数据。

测量数据显示当今宇宙高度平坦(表征平坦的指数非常接近1),这是给暴胀理论的一大支持。特别令人吃惊的是在暴胀理论刚提出的年代,测量数据并不支持它,那时测量到的指数在 0.2~0.3 之间。之后,随着设备精度的提高,所测指数值神奇地提高到 1.0007。如果暴胀未曾发生过,很难解释这个结果:宇宙为什么会如此平坦? 这也说明暴胀理论并不是为了满足观测结果而拼凑出来的,而是预言了宇宙高度平坦,之后该预言被观测证实,这也是它的迷人之处。

暴胀理论还有另一个漂亮的结果:它在解决平坦性、均匀性、各向同性等类似问题的同时,也预测了今天宇宙中形成的所有结构。暴胀阶段的量子涨落被放大之后,经过引力坍缩,最后形成了现在的星系等大尺度结构,如图 10-2-2(b)所示。这种微扰称为绝热微扰,其微扰谱是一种高斯随机场,由谱振幅和谱指数两个参数来表征。如果考察经典的德西特宇宙,它的尺度是理想不变的,即谱指数为 1。而考虑了量子涨落的简单暴胀理论预测,谱指数值应该在 0.92~0.98 之间。许多宇宙微波背景实验以及星系巡天的观测数据已经证实了这种微扰结构。这些实验证实,谱指数为 0.968 ± 0.006。这些观测数据为暴胀理论提供了重要的证据。

还有几个支持暴胀理论的证据。此外,如果原初引力波被探测到,将是对暴胀理论的最强支持,但至今还没有原初引力波存在的确实证据。因为具有如上所说的如此高的预测能力,无论暴胀背后的物理学原理是什么,它都引起了人们极大的兴趣。暴胀场到底是什么?暴胀时期事件的细节如何?人们试图为它建造一个完善的理论模型。现在,存在多种模型来解释暴胀理论的物理机制,诸如混沌暴胀、永恒暴胀等。

解释暴胀的物理机制模型往往导致"平行宇宙"的结论。存在多种有关平行宇宙的假说,其中最容易理解的是与暴胀关系不大,主要与宇宙"视界"有关的平行宇宙说。

因为光速以有限速度传播,而宇宙的年龄只有137亿年,所以无论使用多么先进的仪器,我们应该都只能观察到距离我们137亿光年以内的宇宙。再考虑在这137亿年中宇宙一直都在膨胀的事实,这个距离被修正到460亿光年。也就是说,在真实的"大宇宙"中的任何星系,都只能看到一定距离范围以内的东西,对于视界外的宇宙,无法观测,也无法对它施加任何影响,视界外的宇宙与我们完全独立。这是被"视界"所限制了的可观测区,称之为该星系的"可观测宇宙"。显然,在"大宇宙"中存在有大量的可观测区,我们看到的宇宙不过是其中一个而已,这样的话,我们宇宙之外其他的可观测区便可被看作是"平行宇宙"。

如果真实的"大宇宙"是无穷大而开放的,上面描述的那种"视界"平行宇宙便有无限多个。但是,因为每一个可观测宇宙是有限的,其中也只包含有限多个"粒子"。那么,这些数目有限的粒子进行各种排列组合的方式也是有限的。尽管这是一个非常大的数值,但却有限。用这些有限的排列方式来组成无限多个平行宇宙,将产生什么结果呢?至少能够根据抽屉原理得出一个有趣的结论:这些平行宇宙中一定会有(至少两个)排列方式一模一样的宇宙!

如果某个宇宙与我们"宇宙"的排列方式一模一样的话,那就意味着其中会有一个一模一样的你!还有一个一模一样的你的朋友、朋友的朋友……不过,那个"你"虽然和你长得一模一样,但是却不见得行为一样,你的朋友在那个平行宇宙中也可能变成那个"你"的敌人?重要的是,这一切和我们宇宙中的你没有任何关系,你也不可能见到那个"你"，所以就无需多言了。

　　刚才所述可以算是经典概念下的平行宇宙。在量子物理中，原来就有一个平行宇宙的假说，称之为"多宇宙诠释"，那是与"薛定谔的猫"、量子态坍缩之类有关的概念，和宇宙学暴胀的平行宇宙是两码事。

　　不过，量子理论经常会导致一些不可思议的事。如果我们将量子波动理论应用到暴胀宇宙中，似乎也难以避免平行宇宙的结果。话说回来，暴胀还必须考虑量子效应，一来暴胀期前后的宇宙都是高热、高密度状态，正是量子理论的用武之地。二是暴胀理论还得靠量子涨落之类的说法来解释暴胀机制和宇宙后来的结构形成。因此，我们将此类平行宇宙归为"暴胀平行宇宙"。

　　古斯当初建立"旧暴胀"理论时，碰到一个如何让暴胀"停止"的困难，林德修正了古斯的模型，提出了混沌暴胀理论。

　　如前所述，我们的宇宙在暴胀期之前只是大宇宙中的一个"小点"，每个小点后来都成为一个"宇宙"。我们也知道，暴胀的动力学可以用暴胀标量场来描述，但由于量子涨落，这个标量场在每一个点的数值应该稍有不同，那么暴胀的速度和期间都会有所不同，后来演化出来的所有"平行宇宙"也都会各不相同。

　　因为是混沌暴胀，那时候的大宇宙应该是一堆大大小小的形成分形结构的"泡泡"。加上量子理论，在宇宙中还可能会不断有暴胀发生，也就是说，新泡泡不断地产生出来。如此描述的宇宙图景，不需要解决古斯的暴胀如何停止的问题，因为暴胀宇宙从来就没有停止过，暴胀实际上是无时无刻都在不断地发生和湮灭的过程。由于量子机制导致的随机性，某一个泡泡宇宙中的暴胀突然停止了，暴胀场的能量转化成了粒子的能量，又形成了各种物质、星系、生命、太阳、地球、我和你。

　　还有一种平行宇宙说是时间上无限循环的宇宙。大爆炸到大收缩后，再接着另一个大爆炸，一直推下去以致无穷。著名物理学家兼数学家彭罗斯（Penrose）便有一个奇特的无限循环理论。有的平行宇宙说还想象各个平行宇宙之间可以通过黑洞或虫洞互相穿来穿去，无奇不有。总之，许多假想的多宇宙模型，永远不可测量、不可证伪，已经和科幻没有区别。那么，这一切就留待小说家们去想象驰骋吧。

参考文献

[1] ABBOTT B P, et al. Observation of Gravitational Waves from a Binary Black Hole Merger[J]. Physical Review Lett. , 2016,116: 061102.

[2] HULSE R A, TAYLOR J H. Discovery of a pulsar in a binary system [J]. Astrophysical Journal, 1975,195: L51-L53.

[3] OVERBYE, DENNIS. Detection of Waves in Space Buttresses Landmark Theory of Big Bang[J]. New York Times, 2014,3: 17.

[4] BRYSON B. A Short History of Nearly Everything[M]. New York: Broadway Books, 2004,123-148.

[5] GRUPEN C. Astroparticle Physics[M]. New York: Springer,2006.

[6] 张天蓉. 上帝如何设计世界——爱因斯坦的困惑[M]. 北京: 清华大学出版社,2015.

[7] 张天蓉. 电子,电子! 谁来拯救摩尔定律 [M]. 北京: 清华大学出版社,2014.

[8] HARRISON E R. Darkness at Night: A Riddle of the Universe[M]. Cambridge: Harvard University Press,1987.

[9] Wikipedia. Bentley's paradox[OL]. https://en. wikipedia. org/wiki/Bentley% 27s_paradox.

[10] SEELIGER. Newton's Law of gravitation[J]. Astronomische Nachrichtungen, 1895 (137): 129-136.

[11] FREEMAN J. Dyson. Time without end: Physics and biology in an open universe[J]. Reviews of Modern Physics, 1979(51): 129-136.

[12] EINSTEIN A. Näherungsweise Integration der Feldgleichungen der Gravitation[J]. Sitzungsberichte der Königlich Preussischen Akademie der Wissenschaften Berlin, 1916: 688-696.

[13] EINSTEIN A, ROSEN N. On Gravitational Waves[J]. Journal of the Franklin Institute,1937(223): 43-54.

[14] Wikipedia. Albert Einstein[OL]. https://en. wikipedia. org/wiki/Albert_Einstein.

[15] EINSTEIN A, INFELD L, HOFFMANN B. The Gravitational Equations and the Problem of Motion[J]. Annales of Mathematics, 1938(39): 65-100.

[16] 张之翔. 赫兹和电磁波的发现[OL]. 物理, 1989, 18(5). http://www. wuli. ac. cn/CN/abstract/abstract28480. shtml.

[17] CASTELVECCHI D. The black-hole collision that reshaped physics[J]. Nature,

2016，23：428-431，531.

[18] HU N. Radiation Damping in the Gravitational Field[J]. Proceedings of the Royal Irish Academy，1947，51A：87-111.

[19] 维基百科. 迈克耳孙干涉仪[OL]. https：//zh. wikipedia. org/wiki/%E8%BF%88% E5%85%8B% E8% 80% B3% E5% AD% 99% E5% B9% B2% E6% B6% 89% E4% BB%AA.

[20] 大卫•布莱尔，麦克纳玛拉. 宇宙之海的涟漪：引力波探测 [M].王月瑞，译. 南昌：江西教育出版社，1999.

[21] EINSTEIN A. On a Stationary System With Spherical Symmetry Consisting of Many Gravitating Masses[J]. The Annals of Mathematics，Second Series，1939，40(4)：922-936.

[22] 刘寄星. 彭桓武先生和他的法国学生[OL]. http：//www4. newsmth. net/nForum/#! article/TsinghuaCent/299535?au=kittydog.

[23] REITZE D H，ZHANG T R，WOOD W M，et al. Two-photon spectroscopy of silicong using femtosecond pulses at above-gap frequencies [J]. Journal of the Optical Society of America,1990，B7：84.

[24] JACOB D. Bekenstein. Black Holes and Entropy[J]. Physical Review D，1973，7：2333.

[25] HAWKING S W. Black hole explosions? [J]. Nature，1974,248 (5443)：30-31.

[26] 伦纳德•萨斯坎德. 黑洞战争[M]. 李新洲，等译，长沙：湖南科技出版社，2010：155-210.

[27] 盖尔•E. 克里斯琴森. 星云世界的水手：哈勃传 [M]. 何妙福,朱保如,傅承启，译. 上海：上海科技教育出版社,2000.

[28] 傅承启. 宇宙膨胀与宇宙学距离[J]. 世界科技研究与发展,2005，27(5)：16-20.

[29] WRIGHT N. Frequently Asked Questions in Cosmology[OL]. Retrieved on 2011-05-01. http：//www. astro. ucla. edu/~wright/cosmology_faq. html#DN.

[30] ALPHER R A，BETHE H，GAMOW G. The Origin of Chemical Elements[J]. Physical Review，1948，73 (7)：803-804.

[31] 张天蓉. 世纪幽灵——走近量子纠缠[M]. 合肥：中国科技大学出版社，2013.

[32] BURBIDGE E M，BURBIDGE G R，FOWLER W A，et al. Synthesis of the Elements in Stars[J]. Reviews of Modern Physics，1957,29 (4)：547.

[33] 张天蓉. 爱因斯坦与万物之理——统一路上人和事[M]. 北京：清华大学出版社,2016.

[34] PENZIAS A A,WILSON R W. A Measurement of Excess Antenna Temperature at 4080 Mc/s[J]. Astrophysical Journal，1965，142：419-421.

[35] DICKE R H,PEEBLES P J E,ROLL P G，et al. Cosmic Black-Body Radiation[J]. Astrophysical Journal，1965，142：414-419.

[36] GEORGE S, DAVIDSON K. Wrinkles in Time[M]. New York: William Morrow & Company, 1994.

[37] WEINBERG S. The First Three Minutes: A Modern View of the Origin of the Universe[M]. New York: Basic Books, 1977.

[38] HU W, WHITE M. Acoustic Signatures in the Cosmic Microwave Background [J]. Astrophysical Journal, 1996, 471: 30-51.

[39] HU W, WHITE M. The Cosmic Symphony [J]. Scientific American, 2004, 290N2: 44.

[40] ANTONY L, SARAH B. Cosmological parameters from CMB and other data: A Monte Carlo approach [J]. Physical Review, 2002, D, 66: 10.

[41] Planck Collaboration: P. A. R. Ade, N. Aghanim, Planck 2015 results XIII., Cosmological Parameters[OL]. ArXiv: 1502. 01589, 2015, http://arxiv. org/abs/1502. 01589.

[42] DIRAC P A M. Quantised Singularities in the Electromagnetic Field [J]. Proceedings of the Royal Society of London A, 1931, A, 133: 60.

[43] WU T T, YANG C N. Dirac monopole without strings: Monopole harmonics[J]. Nuclear Physics B, 1976, 107: 365-380.

[44] HOOFT G. Magnetic monopoles in unified gauge theories[J]. Nuclear Physics B, 1974, 79 (2): 276-284.

[45] GUTH A. The Inflationary Universe: A Possible Solution To The Horizon And Flatness Problem[J]. Physical Review D, 1981, 23: 347.